高等职业教育土木建筑类专业新形态系列教材

工程招标投标与合同管理

主　编　陈　媛　胡　婧

副主编　杨晓东　庞　晓　狄　娜

参　编　赵恩亮　吕　丹　常丽君　李　丹

机械工业出版社

本书从职业教育教学需要出发，以我国建设工程领域法律法规建设的实际需要为依据，根据编者多年教学实践和工作经验，在自编教材的基础上补充、修改、完善而成。全书共分 5 个单元，包括建设工程招标投标基础知识，建设工程招标，建设工程投标，建设工程开标、评标与定标，建设工程合同。

本书可作为职业教育工程招标投标与合同管理课程的教学用书，也可作为建筑行业专业技术人员的业务参考书以及培训用书。

为方便读者学习，本书配套有电子课件、相关的法律法规案例、模拟试题、习题答案等教学资源，凡使用本书作为教材的教师可登录机械工业出版社教育服务网 www.cmpedu.com 注册下载。教师也可加入"机工社职教建筑 QQ 群：221010660"索取相关资料，咨询电话：010-88379375。

图书在版编目（CIP）数据

工程招标投标与合同管理／陈媛，胡婧主编．

北京：机械工业出版社，2025. 1. --（高等职业教育土木建筑类专业新形态系列教材）. -- ISBN 978-7-111 -77338-2

I. TU723

中国国家版本馆 CIP 数据核字第 20255ZE002 号

机械工业出版社（北京市百万庄大街 22 号　邮政编码 100037）

策划编辑：常金锋	责任编辑：常金锋　陈将浪
责任校对：郑　雪　李小宝	封面设计：王　旭
责任印制：常天培	

河北虎彩印刷有限公司印刷

2025 年 5 月第 1 版第 1 次印刷

184mm×260mm · 9.5 印张 · 240 千字

标准书号：ISBN 978-7-111-77338-2

定价：39.00 元

电话服务

客服电话：010-88361066
　　　　　010-88379833
　　　　　010-68326294

网络服务

机　工　官　网：www.cmpbook.com
机　工　官　博：weibo.com/cmp1952
金　书　网：www.golden-book.com
机工教育服务网：www.cmpedu.com

封底无防伪标均为盗版

前　言

为贯彻落实深入实施科教兴国战略，加快推进职普融通、产教融合职业教育体系，编者基于多年教学实践和工作经验，在自编教材的基础上补充、修改、完善了本书。本书在编写过程中，以现行的法律法规为根基，以实际工程案例为主干，以工程招标投标与合同管理工作的基本知识为养分，构建综合知识体系。

本书结合工程案例对工程招标投标与合同管理涉及的相关问题予以说明，理论联系实际，突出实践。本书注重专业知识的培养和训练，涵盖了立德树人根本任务的落实、课程改革的深化、育人功能的发挥等多个方面。本书特色如下：

1. 以"应用案例"为载体

本书依据工程招标投标与合同管理工作中的应用案例设置了 20 个"应用案例"，在每个小节开头引出相关知识。

2. 理论联系实际

本书选用的"应用案例"均由实际工程案例改编而成，"知识导入"中介绍的内容也是由实际工作提炼而成的，向读者展示真实的工作情境。

3. 注重法律法规的应用

本书编写以《中华人民共和国招标投标法》《中华人民共和国招标投标法实施条例》《中华人民共和国民法典》《中华人民共和国建筑法》等法律法规为依据，体现了制度化、规范化、程序化的思想。

4. 服务数字化教学需求

为满足职业教育数字化教学需求，本书按照"以学生为中心、以学习成果为导向促进学生自主学习"的思路编写，体现"互联网＋教材"的优势，书中配有二维码学习资源，读者用手机扫描二维码即可获得数字课程资源支持。

本书由吉林省经济管理干部学院陈媛、胡婧任主编，吉林省经济管理干部学院杨晓东、庞晓和长春科技学院狄娜任副主编，其他编写人员还有吉林省经济管理干部学院赵恩亮、吕丹、常丽君、李丹。

由于编者水平有限，书中难免存在不足之处，敬请广大读者批评指正。

编　者

本书二维码清单

微课视频

页码	名称	二维码	页码	名称	二维码
2	建设工程招投标的含义和内容		65	招标文件和投标文件的区别	
21	《中华人民共和国招标投标法实施条例》简介		67	投标决策	
28	建设工程项目招标		71	报价策略与技巧	
35	建设工程招标文件的澄清与修改		76	建设工程投标文件的内容	
39	资格审查的方法和内容		76	施工投标文件构成	
40	参加资格预审		78	投标有效期	
43	施工招标文件的主要内容		89	评标内容	
60	招投标中的违法违规行为		89	建设工程评标方法	
62	建设工程施工投标的内容		96	建设工程定标概述	

（续）

页码	名称	二维码	页码	名称	二维码
97	确定中标候选人		133	缺陷责任与保修	
108	建设工程合同的概念及分类		133	工程保修期和工程缺陷责任期的区别	
119	争议解决条款及内容		138	建设工程施工索赔的程序	

动画视频

页码	名称	二维码	页码	名称	二维码
8	建设工程发包方式		118	发包人的权利和义务	
33	建设工程招标程序		119	承包人的权利和义务	
34	建设工程招标控制价的作用		134	建设工程索赔的作用	
71	建设工程投标报价的编制依据				

目 录

单元 1

建设工程招标投标基础知识

知识目标

1. 了解建设工程招标投标法律体系的基础知识。
2. 掌握建设工程招标投标的基本知识。
3. 熟悉建设工程交易中心设立的条件、性质、基本功能和运行原则。
4. 掌握建筑市场对主体的资质要求和招标投标法律体系的构成、效力层级，以及《中华人民共和国招标投标法》的适用范围。

技能目标

1. 会查找与工程相关的各种信息。
2. 能结合工程实际确定合适的工程承（发）包方式。
3. 能分析建筑市场主体的资质界定。

思维导图

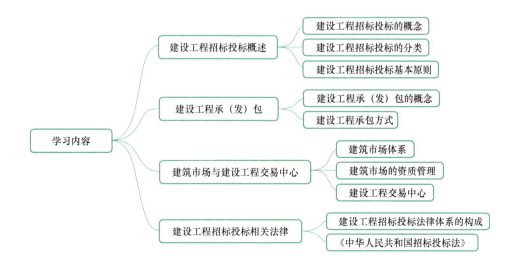

1.1 建设工程招标投标概述

应用案例

某高校筹建新校区，建设项目已批准立项，具备招标条件，建设规划主要分为教学楼、学生宿舍楼、餐饮楼、实训楼、图书馆、体育馆共 6 个单项工程，学校成立新校区建设指挥部作为甲方代表，现拟采用招标投标的方式选择项目承包单位。

【引导问题】

1. 什么是建设工程招标投标？为什么要通过招标投标的方式选择承包人？
2. 建设工程招标投标分为哪些种类？本项目要进行哪些招标才能完成建设任务？
3. 建设工程招标投标工作怎么组织？在什么地点进行招标投标？需要办理什么手续才能进行招标投标？
4. 建设工程招标投标工作依据的法律法规有哪些？

知识导入

整个招标投标过程包含招标、投标和定标（决标）三个主要阶段。招标是指招标人事先公布有关工程、货物或服务等发包业务的采购条件和要求，以吸引他人参加竞争承接。这是招标人为签订合同而进行的准备，在性质上属要约邀请。投标是指投标人获悉招标人提出的条件和要求后，以订立合同为目的向招标人作出愿意参加有关任务的承接竞争的表示，在性质上属要约。定标是指招标人接受众多投标人中提出最优条件的投标人，在性质上属承诺，承诺即意味着合同成立。招标投标的过程，是当事人就合同条款提出要约邀请、要约、承诺，直至签订合同的过程。

招标投标是商品经济发展到一定阶段的产物，是一种具有竞争性的采购方式。我国从 20 世纪 80 年代初开始逐步实行招标投标制度。目前，大量的经常性的招标投标业务，主要集中在工程建设、机械成套设备采购、进口机电设备采购、利用国外贷款等方面，其中又以工程建设为主要内容。

一、建设工程招标投标的概念

建设工程招标投标是指建设单位或个人（业主或项目法人）通过招标的方式（图 1-1），将工程建设项目的勘察、设计、施工，材料、设备供应，监理等业务一次性发包或分步发包，由具有相应资质的承包单位通过投标竞争的方式承接。其优点是：将竞争机制引入工程建设领域，将工程项目的发包方、承包方和中介方统一纳入市场，公开交易，给市场主体的交易行为赋予了极大的透明度；鼓励竞争，防止和反对垄断，通过平等竞争优胜劣汰，最大限度地实现投资效益的最优化；通过严格、规范、科学合理的运作程序和监管机制，有力地保证了竞争过程的公正和交易安全。

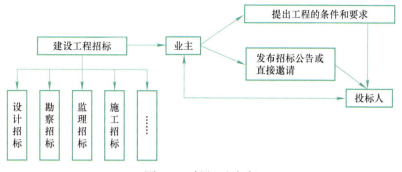

图 1-1　建设工程招标

二、建设工程招标投标的分类

将建设工程招标投标进行科学分类是主要的管理手段，也是重要的学习方法，在学习建设工程招标投标的主要内容之前，先学习建设工程招标投标的分类是很有必要的。

1. 按照工程建设的基本程序分类

按照我国工程建设的基本程序，一个项目的主要建设阶段可分为决策、勘察设计、实施等。根据建设过程内容的不同，可以将建设工程招标投标分为项目可行性研究招标投标、项目勘察设计招标投标、项目工程施工招标投标、项目设备采购招标投标。

工程建设的每个阶段都对应工程建设的一个行业，如工程投资咨询行业、工程勘察设计行业、工程施工行业、工程监理行业、材料及设备供应行业、招标投标代理行业等，所以在按照工程建设的基本程序分类的同时也是按照行业在进行分类。

2. 按专业分类

建设工程项目所涉及的专业非常多，按现阶段的管理体制和项目本身的特点主要分为房屋建筑工程、冶炼工程、矿山工程、化工石油工程、水利水电工程、电力工程、农林工程、铁路工程、公路工程、港口与航道工程、航天航空工程、通信工程、市政公用工程、机电安装工程等大类，建设工程招标投标也可按照以上专业来分类。

3. 按建设项目的组成分类

按建设项目的组成，建设工程招标投标可以划分为建设项目招标投标、单项工程招标投标、单位工程招标投标、分部分项工程招标投标。

4. 按工程承包的范围分类

按工程承包的范围，建设工程招标投标可以划分为建设工程总承包招标投标、建设工程分承包招标投标、建设工程专项承包招标投标。

5. 按工程涉外因素分类

按工程涉外因素，建设工程招标投标可以划分为国内工程招标投标及国际工程招标投标。

另外，按照招标的组织方式，可将招标分为招标人自行招标和委托代理机构招标；按照招标的标的内容，招标可分为工程招标、货物招标和服务招标；按照招标的竞争程度，招标可分为公开招标和邀请招标；按照招标的阶段划分，招标可分为一阶段招标和两阶段招标。

三、建设工程中常见的招标投标

由于各类建设工程招标投标的内容不尽相同，招标人对招标项目的意图和功能使用等方面有不同的侧重点，在具体操作上也有细微的差别，呈现出不同的特点，归纳起来建设工程中常见的招标投标主要涉及以下几个方面：

1. 土地使用权招标投标

土地使用权招标投标是我国土地使用权的一次重大改革，它使土地的价值得到充分的认识，资源潜能得到开发，使土地的使用符合社会主义市场经济的运行规律，从而迈出了与国际接轨的重要一步。

土地使用权招标投标，在国家法律的指导下，在满足土地使用用途的前提下，主要是考察投标人对所要招标土地给出的价格，以此来决定中标人。

2. 建设工程勘察招标投标

建设工程勘察是指根据建设工程的要求，查明、分析、评价建设场地的地质地理环境特征和岩土工程条件，并编制建设工程勘察文件，其招标投标的主要特点如下：

1）项目立项后，根据已批准的可行性研究报告，对工程建设项目的勘察工作进行招标投标。

2）招标方式可采用邀请招标。

3）在评标、定标阶段，着重考查勘察方案的优劣，同时也考查勘察作业的时间，勘察作业的收费依据与收费的合理性、正确性，以及勘察单位的资历和社会信誉等因素。

3. 建设工程设计招标投标

建设工程设计是指根据建设工程的要求，对建设工程的技术、经济、环境等条件进行综合分析、论证，并编制建设工程设计文件。建设工程设计招标投标在程序、方式上与勘察招标投标有相似性，其特点如下：

1）在招标的范围和形式上，可以采用设计全过程总发包的一次性招标，也可以选择分项或分专业的设计任务发包招标。

2）在评标、定标阶段，主要把设计方案的优劣作为择优确定中标的主要依据，同时也考查经济效益、设计速度、设计费报价，以及设计单位的资历和社会信誉等因素。

3）中标人应承担初步设计和施工图设计的任务，经招标人同意也可以向其他具有相应资格的设计单位进行委托分包。

4. 施工招标投标

建设工程施工是指把设计图纸变成预期的建筑产品的活动，是整个建设项目实施的关键环节。

施工招标投标是目前我国建设工程招标投标中开展得比较早、比较多、比较好的一类，其程序和相关制度具有代表性、典型性，其主要特点如下：

1）招标带有强制性，招标许可主要是检查项目前期的准备。

2）在招标条件上，比较强调建设资金的充分到位。

3）在招标方式上强调公开招标和邀请招标，议标方式受到严格限制甚至被禁止。

4）在投标、评标和定标中，要综合考虑价格、工期、技术、质量、安全、信誉等因素，价格因素所占比重较大，可以说是关键一环，常常起决定性作用。

5. 工程建设监理招标投标

工程建设监理是指具有相应资质的监理单位和监理工程师受建设单位委托，独立对工程建设过程进行组织、协调、监督、控制和服务。工程建设监理招标投标的特点如下：

1）在性质上属于工程咨询招标投标的范畴，其招标投标的标的是工程建设过程的监理服务。

2）在招标的范围上，可以只包括工程建设过程中的部分工作，如项目建设前期的可行性研究、项目评估等，项目实施阶段的勘察、设计、施工等；也可以包括工程建设过程中的全部工作。

3）在评标、定标阶段，综合考查监理规划（或监理大纲）、监理人员素质、监理单位业绩、监理取费、工程检测手段等因素。

6. 政府采购与建设工程材料、设备采购招标投标

政府采购是指各级国家机关、事业单位和团体组织，使用财政性资金采购货物、工程和服务的行为。建设工程材料、设备采购是指采购用于建设工程的各种建筑材料和设备。政府采购与建设工程材料、设备采购招标投标的主要作用是解决资金的合理使用、提高资金的使用质量和所购产品的质量等问题，其特点如下：

1）一般优先考虑在国内招标。

2）在招标范围上，一般用于大宗的而不是零星的材料、设备采购。

3）在招标内容上，可以就整个工程建设项目所需的全部材料、设备进行总招标，也可以就单项工程所需材料、设备进行分项招标，或者就单件（台）材料、设备进行招标，还可以进行从项目的设计、设备生产、设备制造、设备供应、设备安装调试到设备试用投产的成套设备招标。

4）允许具有相应资质的投标人就部分或全部招标内容进行投标；也可以联合投标，但应在投标文件中明确一个总牵头单位承担全部责任。

7. 工程总承包招标投标

工程总承包是指对工程全过程的承包，按其具体范围可分为三种情况：

1）对工程建设项目从可行性研究，勘察，设计，材料、设备采购，施工，安装直到竣工验收、交付使用、质量保修等全过程实行总承包。

2）对工程建设项目从勘察，设计，材料、设备采购，施工，安装直到交付使用等过程实行一次性总承包。

3）对整个工程建设项目的某一阶段（如施工）或某几个阶段（如设计，施工，材料、设备采购等）实行一次性总承包。

工程总承包招标投标的主要特点如下：

1）它是一种综合性的全过程的一次性招标投标。

2）投标人在中标后应当自行完成中标工程的主要部分（如主体结构等）；对中标工程范围内的其他部分，经发包方同意，有权作为招标人组织分包招标投标或依法委托具有相应资质的招标代理机构组织分包招标投标，并与中标的分包投标人签订工程分包合同。

3）承（发）包招标投标的运作一般按照有关总承包招标投标的规定执行。

4）在评标阶段，一般采用综合评估法。

5）可以采用邀请招标，也可以组织联合体投标。

四、建设工程招标投标基本原则

《中华人民共和国招标投标法》中规定：招标投标活动应当遵循公开、公平、公正和诚实信用的原则。这些原则有一个前提——合法原则；有一个结果——科学原则。

1. 合法原则

合法原则是指建设工程招标投标主体的一切活动必须符合法律法规、规章和有关政策的规定，即主体资格要合法、招标投标依据要合法、活动程序要合法、对招标投标活动的管理和监督要合法。

招标投标活动是买卖双方的一种经济活动，这种活动联系必须以法律保障为基础，无论是在国内还是在国外，均要按照规定的程序和惯例进行。招标投标的程序和条件、正式业务文件以及签订的合同协议等，对招标投标双方都具有法律约束力。在招标投标活动中出现纠纷和争执，无法协商解决时，应通过司法途径来解决。

2. 公开、公平、公正原则

公开原则，是指建设工程招标投标活动应具有较高的透明度，具体是指建设工程招标投标的信息公开、建设工程招标投标的条件公开、建设工程招标投标的程序公开、建设工程招标投标的结果公开。公开是打破封锁、干扰和垄断，保证自由竞争，保证公平和公正的前提条件。

公平原则，是指所有投标人在建设工程招标投标活动中，享有均等的机会，具有同等的权利，履行相应的义务，任何一方都不应受歧视。招标人赋予所有投标人公平竞争的机会是招标投标活动最基本的原则，它是保证招标结果公正的基本条件。

公正原则，是指在建设工程招标投标活动中，按照同一标准实事求是地对待所有的投标人，不偏袒任何一方。在招标公告发出后，任何符合条件的投标人均可参加投标；在评标时，按照招标文件规定的要求和标准评判所有标书；在签订合同时，有关合同条款对各方都应是统一的解释。

例 1-1

在一次招标活动中，招标指南写明投标不能口头附加材料，也不能附条件投标，但业主将合同授予了提交口头附加材料的投标人甲。其他投标人起诉业主违规。法院经过调查发现，投标人甲是业主早已内定的承包商。法院最后判决将合同授予了合格的投标人。

【解析】《中华人民共和国建筑法》第16条规定，建筑工程发包与承包的招标投标活动，应当遵循公开、公正、平等竞争的原则，择优选择承包单位。这就从法律上确立了保障招标投标活动竞争性这一原则。本案例中，业主私下内定了承包商，这就违反了法律的规定，况且本案例中的招标文件明确规定投标不能口头附加材料，也不能附条件投标。法院判决将合同授予合格的投标人是正确的。对于投标人甲，由于他违反了法律的规定，当然不能取得合同，也不能要求返还已付出的费用。

3. 诚实信用原则

诚实信用原则是民事活动重要的基本原则，是市场经济的基本道德准则，是建设工程招标投标活动中的重要道德规范。在建设工程招标投标活动中，招（投）标人应当以诚相待，实事求是，做到言行一致、遵守诺言、履行成约；不得见利忘义、投机取巧、弄虚作假、隐瞒欺诈，损害国家、集体和他人的合法权益。在招标中，要把招标人的情况和项目的条件公开告知；在投标中，要根据投标人自身的实力和条件组织技术、经济文件；中标后，要根据合同目的和交易习惯履行各项义务；在合同法律关系终止后，要根据交易习惯履行通知、协助等义务。

4. 科学原则

科学原则是指招标人或招标代理机构制订科学的招标方案、评标办法，采用科学的评标组织方式开展招标工作；投标人依据招标文件制定科学的投标策略，编制科学的技术、经济方案进行投标。建设工程招标投标基本原则的内涵和具体表现见表 1-1。

表 1-1　建设工程招标投标基本原则的内涵和具体表现

原则	内涵	具体表现
公开、公平、公正原则	信息透明机会均等	规定招标程序、投标人资格条件、评标标准、评标方法、中标结果等信息应公开 规定招标人不得在招标文件中要求或者标明特定的生产供应者以及含有倾向或者排斥潜在投标人的内容，不得以不合理的条件限制或者排斥潜在投标人，不得对潜在投标人实行歧视待遇
合法原则	程序规范标准统一	规定了招标、投标、开标、评标、中标、签约六大环节的具体程序和法定时限，明确了否决投标的情形，招标文件中没有规定的标准和方法不得作为评标和中标的依据
诚实信用原则	诚实守信善意真诚	规定中标通知书发出后，招标人改变中标结果的，或者中标人放弃中标项目的，应当依法承担法律责任
科学原则	科学合理	采用科学的招标评标组织方式开展招标工作；投标人依据招标文件制定科学的投标策略，编制科学的技术、经济方案进行投标

1.2 建设工程承（发）包

应用案例

某办公楼建设工程，预计造价为 7400 万元，其中土建工程为 2402 万元，配套设备 4998 万元，2022 年该工程项目进入建设工程交易中心以总承包的方式进行公开招标。包工头陈某了解信息后，到当地 4 家建筑公司活动，要求挂靠这 4 家公司共同投标。这 4 家公司分别对陈某提出合作要求：投标保证金要求由陈某支付；制作标书的劳务费用需要由陈某来承担；项目在中标后的部分施工任务由陈某来完成，这 4 家挂靠单位额外会收取相应的管理费用。陈某迫切想要承揽该项目，私下拉拢建设工程交易中心评标处人员、建设主管部门人员，给予不同金额的好处费。

【引导问题】

在没有学习相关专业知识之前，以你现在的常识进行思考，这个项目有何不妥之处？

一、建设工程承（发）包的概念

承（发）包既是一种商业交易行为，也是一种经营方式，是指交易的一方负责为交易的另一方完成某项工作或供应一批货物，并按照一定的价格取得相应报酬的一种交易。委托任务并负责支付报酬的一方为发包人，接受任务并按时完成从而取得报酬的一方为承包人。

建设工程发包与承包是指发包方通过合同委托承包方为其完成某一工程的全部工作或其中一部分工作的交易行为。工程发包方一般为建设单位或工程总承包单位，工程承包方一般为工程勘察设计单位、施工单位、工程设备供应单位等，双方在平等互利的基础上签订承包合同，明确各自的经济责任、权利和义务，以保证工程任务在合同造价内按期、按质、按量、全面地完成。

二、建设工程承（发）包的内容

根据建设项目的基本程序和基本内容，建设工程承（发）包的内容可以分为以下几类：

1. 编制项目建议书

项目建议书是由项目投资方向国家有关主管部门提出要求建设某一项目的建议性文件，主要内容为项目的性质、用途、基本内容、建设规模及项目的必要性和可行性分析，从宏观上论述项目投资的必要性和可行性，供项目审批机关进行初步决策，为下一步的可行性研究打下基础。项目建议书可由建设单位自行编制，也可以委托工程咨询机构代为编制。

2. 可行性研究

可行性研究是指从系统总体出发，对拟建项目的市场需求、资源条件、选址方案、拟建规模、生产方式、设备选型、环境保护、资金筹措等，从技术和经济两方面进行调查研究、分析计算、方案比较，并对建成后的技术效果和经济效益进行预测，论述其技术先进性、经济合理性和建设可能性，是重要的决策依据文件。可行性研究报告一般由专业的投资咨询机构进行编制，建设单位自行编制的较少。

3. 勘察、设计

勘察、设计是两个阶段的两个不同工作。勘察时，应查明工程项目建设地点的地貌、地质结构、水文条件等自然条件，为项目选址、工程设计和施工提供科学的依据；设计时，应从技术和经济方面对拟建项目进行全面规划。这两项工作都要委托有资质的勘察、设计单位来完成。

4. 建筑工程施工

建筑工程施工是将设计图纸付诸实施的阶段，主要工作是施工现场的准备、永久性工程施工、设备安装及工业管道安装等。此阶段主要采用招标投标的方式进行工程的承（发）包。

5. 材料、设备的采购供应

根据设计方案的需要，可以通过公开招标、询价报价和直接采购的方式决定材料、设备的供应单位和供应方式，从而完成发包和承包工作。

6. 建设工程监理

建设工程监理是指接受建设单位委托，对建设项目的可行性研究、勘察、设计、建筑工程施工、材料及设备的采购供应直至竣工验收，实行全过程监督管理或阶段性监督管理。这项工作要发包给有监理资质的监理单位来承担。

7. 职工培训

为使新建设项目建成交付使用后能尽快投入生产，在建设期间就要配备好合格的生产技术工人和配套的管理人员，因此需要组织职工培训。这项工作通常由项目总承包单位或者专门的培训公司来完成。

三、建设工程承包方式

建设工程承包方式，是指发包人与承包人之间的经济关系形式。建设工程承包的方式有很多，常见的建设工程承包方式如图 1-2 所示。

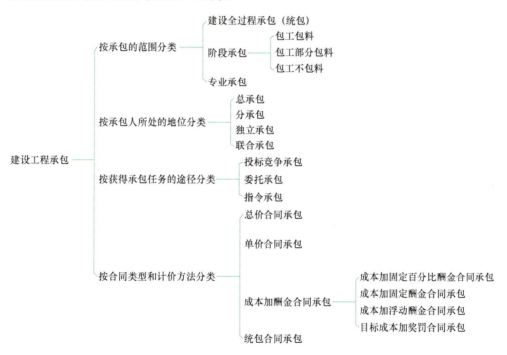

图 1-2　常见的建设工程承包方式

1. 按承包的范围分类

（1）建设全过程承包（统包）

建设全过程承包也叫"统包"或"一揽子承包"，即通常所说的"交钥匙"工程。采用这种承包方式时，建设单位一般只要提出使用要求和竣工期限，承包单位即可对可行性研究、勘察、设计、设备询价与选购、材料订货、工程施工、职工培训直至竣工投产等过程实行全过程、全面的总承包，并负责对各项分包任务进行综合管理、协调和监督工作。

这种承包方式主要适用于各种大中型建设项目。它的好处是可以积累建设经验和充分利用已有的经验，节约投资，缩短建设周期并保证建设的质量，提高经济效益。当然，这要求承包单位必须具有雄厚的技术、经济实力和丰富的组织管理经验。

（2）阶段承包

阶段承包的内容是建设过程中某一阶段或某些阶段的工作，例如可行性研究、勘察、设计、建筑工程施工等。在施工阶段根据承包内容的不同，阶段承包可细分为三种方式：

1）包工包料，即承包工程施工所用的全部人工和材料，这是采用较为普遍的施工承包方式。

2）包工部分包料，即承包者只负责提供施工的全部人工和一部分材料，其余部分则由建设单位或总包单位负责供应。

3）包工不包料，即承包人仅提供劳务而不承担供应任何材料的义务。

（3）专业承包

专业承包的内容是某一建设阶段中的某一专门项目，由于专业性较强，多由有关的专业承包单位承包，故称为专业承包。例如可行性研究中的辅助研究项目，勘察设计阶段的工程地质勘察、基础或结构工程设计、供电系统及防灾系统设计、建设准备过程中的设备选购和生产技术人员培训、通风设备和电梯安装等。

2. 按承包人所处的地位分类

在工程承包中，一个建设项目往往有不止一个承包单位。承包单位与建设单位之间，以及不同承包单位之间的关系不同、地位不同，也就形成了不同的承包方式。

（1）总承包

总承包又称总包，是指一个建设项目建设全过程或其中某个阶段（例如施工阶段）的全部工作，由一个承包单位负责组织实施。这个承包单位可以将若干专业性工作交给不同的专业承包单位去完成，并统一协调和监督他们的工作。在一般情况下，建设单位仅同这个承包单位发生直接工作关系，而不与各专业承包单位发生直接工作关系。承担这种任务的单位叫作总承包单位，可以是咨询机构、设计机构、一般的土建公司以及设计施工一体化的大型建筑公司等。我国的工程总承包公司就是总包单位的一种组织形式。

（2）分承包

分承包又称分包，是相对于总承包而言的承包方式，即承包者不与建设单位发生直接工作关系，而是从总承包单位那里分包某一分项工程（例如土方、模板、钢筋等）或某种专业工程（例如钢结构制作和安装、卫生设备安装、电梯安装等），在现场由总承包单位统筹安排其活动，并对总承包单位负责。分包单位通常为专业工程公司，例如设备安装公司、装饰工程公司等。国际上通行的分包方式主要有两种：一种是由建设单位指定分包单位，与总包单位签订分包合同；另一种是由总包单位自行选择分包单位并签订分包合同。

（3）独立承包

独立承包是指承包单位依靠自身的力量完成承包任务，而不实行分包的承包方式，通常仅适用于规模较小、技术要求比较简单的工程以及修缮工程。

（4）联合承包

联合承包是相对于独立承包而言的承包方式，即由两个以上承包单位组成联合体承包一项工程任务，由参加联合的各单位推出代表统一与建设单位签订合同并协调它们之间的关系，共同对建设单位负责。但参加联合承包的各单位仍是各自独立经营的企业，只是在共同承包的工程项目上，根据预先达成的协议承担各自的义务和分享共同的收益，包括投入资金数额、工人和管理人员的派遣、机械设备和临时设施的费用分摊、利润的分享以及风险的分担等。

这种承包方式由于多家联合，技术和管理上可以取长补短，发挥各自的优势，有能力承包大规模的工程任务；同时，由于多家共同协作，在报价及投标策略上互相交流经验，也有助于提高竞争力，较易中标。在国际工程承包中，外国承包企业与工程所在国承包企业联合经营，有利于对当地的国情民俗、法规条例的了解和适应，便于工作的开展。

3. 按获得承包任务的途径分类

根据承包单位获得任务的途径不同，承包方式可划分为以下 3 种：

（1）投标竞争承包

投标竞争承包是指通过投标竞争，优胜者获得工程任务，与建设单位签订承包合同。这是国际上通行的获得承包任务的方式。

（2）委托承包

委托承包也称为协商承包，是指不须经过投标竞争，而由建设单位与承包单位协商，签订委托其承包某项工程任务的合同。

（3）指令承包

指令承包是指由政府主管部门依法指定工程承包单位，仅适用于保密工程、少数特殊工程等。

4. 按合同类型和计价方法分类

工程项目的条件和承包内容不同，往往要求采用不同类型的合同和价格计算方法。因此，合同类型和计价方法就成为划分承包方式的重要依据。

（1）总价合同承包

总价合同是按商定的总价承包工程，它的特点是以设计图纸和工程说明书为依据，明确承包内容和单价，总价确定后一般不再变动。在合同执行过程中，除非建设单位要求变更原定的承包内容，否则承包单位一般不得要求变更总价。这种承包方式对建设单位比较简便，因此受到建设单位的欢迎。对承包单位来说，如果设计图纸和工程说明书相当详细，能比较精确地估算造价，签订合同时考虑得也比较周全，就不会有太大的风险，也是一种比较简便的承包方式。但是，如果设计图纸和工程说明书不够详细，未知情况比较多，或者遇到材料突然涨价以及恶劣的气候等意外情况，承包单位须承担相应的风险；为此，承包单位往往会调高不可预见费用，因而不利于降低造价，最终对承包单位不利。这种承包方式通常仅适用于规模较小、技术不太复杂的工程。

（2）单价合同承包

在有施工图纸，但对工程的某些条件尚不完全清楚的情况下，既不能比较精确地计算工程量，又想要规避风险，采用单价合同承包是比较适宜的。在实践中，这种承包方式可细分为 3 种形式：

1）按分部分项工程单价承包，是指由建设单位开列分部分项工程名称和计量单位，由承包单位逐项填报单价；或由建设单位先提出单价，再由承包单位认可或提出修订的意见后作为正式报价，经双方磋商确定承包单价，然后签订合同，并根据实际完成的工程数量，按此单价结算工程价款。这种承包方式主要适用于在没有施工图纸、工程量不明确的情况下需要开工的紧急工程。

2）按最终产品单价承包，是指按每一平方米住宅、每一平方米道路等最终产品的单价承包工程，其报价方式与按分部分项工程单价承包相同。这种承包方式通常适用于采用标准设计的住宅、中（小）学校舍和通用厂房等工程。但考虑到基础工程因条件不同而造价变化较大，在按最终产品单价承包方式承包某些房屋建筑工程时，一般仅指 ±0.000 标高以上部分的工程，基础工程则采用按量计价承包或按分部分项工程单价承包的方式，单价可按预算定额或调价系数一次"包死"，也可商定允许随人工工资和材料价格指数的变化而调整，具体的调整办法应在合同中明确规定。

3）按总价投标和决标，按单价结算工程价款。这种承包方式适用于设计已达到一定的深度，能据此估算分部分项工程数量的近似值，但由于某些情况不完全清楚，在实际工作中可能出现较大变化的工程。例如在铁路或水电建设中的隧洞开挖工程，就可能因反常的地质条件而使土石方数量产生较大的变化，为了使承（发）包双方都能避免由此带来的风险，承包单位可以按估算的工程量和一定的单价提出总报价，建设单位也以总价和单价作为评标、决标的主要依据，并签订单价合同；随后，双方即按实际完成的工程数量与合同单价结算工程价款。

（3）成本加酬金合同承包

这种承包方式的基本特点是按工程实际发生的成本（包括人工费、材料费、施工机械使用费、其他直接费、施工管理费以及各项独立费，但不包括承包企业的总管理费和应缴税金），加上商定的总管理费和利润来确定工程总造价。这种承包方式主要适用于开工前对工程内容尚不十分清楚的情况，例如边设计边施工的紧急工程，或遭受地震、战火等破坏后的重建工程，在实践中主要有 4 种不同的具体形式：

1）成本加固定百分比酬金合同承包。该形式下，承包单位的实际成本实报实销，同时按照实际成本的固定百分比付给承包方一笔酬金。相关计算式如下：

$$C = C_a (1 + P)$$

式中　C——总造价；

　　　C_a——实际发生的工程成本；

　　　P——固定的百分比。

从计算式中可以看出，总造价 C 随工程成本 C_a 而水涨船高，显然不能鼓励承包单位关心缩短工期和降低成本，对建设单位是不利的。现在这种承包方式已很少被采用。

2）成本加固定酬金合同承包。该形式下，合同成本全部由建设单位承担，并支付承包单位一笔固定的酬金，工程成本实报实销，但酬金是事先商定的一个固定数目。相关计算式如下：

$$C = C_a + F$$

上式中的 F 代表酬金，通常按估算的工程成本的一定百分比确定，数额是固定不变的。这种承包方式虽然不能鼓励承包单位关心降低成本，但从尽快取得酬金出发，承包单位会自行关心缩短工期，这是该承包方式的可取之处。为了鼓励承包单位更好地工作，也有在固定酬金之外，再根据工程质量、工期和降低成本情况另加奖金的情况。在这种情况下，奖金所占比例的上限可大于固定酬金，以充分发挥奖励的积极作用。

3）成本加浮动酬金合同承包。这种承包方式要事先商定工程成本和酬金的预期水平，如果实际成本恰好等于预期水平，工程造价就是成本加固定酬金；如果实际成本低于预期水平，则增加酬金；如果实际成本高于预期水平，则减少酬金。这三种情况可用计算式表示如下：

$$C_a = C_0, \quad C = C_a + F$$
$$C_a < C_0, \quad C = C_a + F + \Delta F$$
$$C_a > C_0, \quad C = C_a + F - \Delta F$$

式中　　C_0——预期成本；

　　　　ΔF——酬金增减部分，既可以是一个百分比，也可以是一个固定的绝对数。

采用这种承包方式，通常规定当实际成本超支而减少酬金时，以原定的固定酬金数额为减少的最高限度。也就是在最坏的情况下，承包单位将得不到任何酬金，但不必承担赔偿超支的责任。此外，还可另加工期奖罚。

从理论上讲，这种承包方式既对承（发）包双方都没有太多风险，又能促使承包单位关心降低成本和缩短工期；但在实践中准确地估算预期成本比较困难，所以要求当事双方具有丰富的经验并掌握充分的信息。

4）目标成本加奖罚合同承包。在仅有初步设计和工程说明书即迫切要求开工的情况下，可根据粗略估算的工程量和适当的单价表编制概算，作为目标成本；随着详细设计逐步具体化，工程量和目标成本可加以调整，另外规定一个百分比作为酬金。最后结算时，如果实际成本高于目标成本并超过事先商定的界限（例如5%），则减少酬金；如果实际成本低于目标成本（也有一个幅度界限），则增加酬金。相关计算式如下：

$$C = C_a + P_1 C_b + P_2 (C_b - C_a)$$

式中　　C_b——目标成本；

　　　　P_1——基本酬金百分比；

　　　　P_2——奖罚百分比。

这种承包方式可以促使承包单位关心降低成本和缩短工期，而且目标成本是随设计的开展加以调整才确定下来的，故建设单位和承包单位双方都不会承担太多风险。当然，该承包方式也要求承包单位和建设单位都要具有比较丰富的经验。

（4）统包合同承包

统包合同即"交钥匙"合同，其内容见前述的"建设全过程承包"内容。下面说明达成统包合同承包与确定承包价的一般步骤：

1）建设单位委托承包单位进行拟建项目的可行性研究；承包单位在提出可行性研究报告的同时，提出进行初步设计和工程概算所需的时间与费用。

2）建设单位委托承包单位进行初步设计，并着手施工现场的准备工作。

3）建设单位委托承包单位进行施工图设计，并着手组织施工。

上述每一步都要签订合同，并规定支付给承包单位的报酬。由于设计是逐步深入，概（预）算是逐步完善的，而且建设单位要根据前一步工作的结果决定是否进行下一步工作，所以不会采用总价合同承包、按量计价合同承包或单价合同承包等承包方式，在实践中多采用成本加酬金合同承包方式。

1.3 建筑市场与建设工程交易中心

应用案例

　　某市经批准的重大投资项目计划中，已列入新城区医院一期建设工程，建筑面积为8万 m^2，其中门诊楼为3万 m^2，病房楼为5万 m^2，预计总投资为35000万元，工期为36个月。建设内容包括土建、给水排水、强弱电、消防、电梯等安装工程及附属配套工程。该项目必须进入建筑市场通过招标投标的方式完成发包和承包任务。那么该建设项目的主体都有哪些？对参与该建设项目的主体资格的要求又有哪些？该建设项目完成交易的场所和流程是什么？通过本节的学习，请对上述问题提出解决方案。

　　【引导问题】

　　1．什么是建筑市场？建筑市场体系的构成是怎样的？

　　2．建设工程交易中心的基本功能和运作的一般程序有哪些？

◇ **知识导入** ◇

一、建筑市场的概念

　　一般意义上的"市场"是指商品交换的场所，但随着经济的发展，市场的概念不仅仅局限在有形的场所，而是包括商品交换关系的总和，例如建筑市场是指建筑商品和服务交换关系的总和，招（投）标市场是建筑商品和服务交易的主要场所。建筑市场有狭义的市场和广义的市场之分。

　　1）狭义的建筑市场是指以建筑产品交换为内容的市场，它主要表现为建设项目业主通过招（投）标过程与承包商形成商品交换关系，一般是指有形建筑市场，即建设工程交易中心，是单一型建筑市场。

　　2）广义的建筑市场除包括有形建筑市场外，还包括与建筑产品生产与交换相联系的无形建筑市场，即勘察设计市场、建筑生产资料市场、资金市场，以及从事招标代理、工程监理和造价咨询等中介服务的市场，由此形成建筑市场体系。

二、建筑市场运行机制

　　建筑市场运行机制是指建筑市场中经济活动关系的总和。建筑市场由工程建设发包方、承包方和中介服务机构组成市场主体，各种形态的建筑商品及相关要素（如建筑材料、建筑机械、建筑技术和劳动力）构成市场客体。建筑市场的主要竞争机制是通过招标投标制度，运用法律法规和监管体系保证市场秩序，保护建筑市场主体的合法权益。

三、建筑市场体系

　　建筑市场体系是由建筑市场的主体和客体构成的，如图1-3所示。

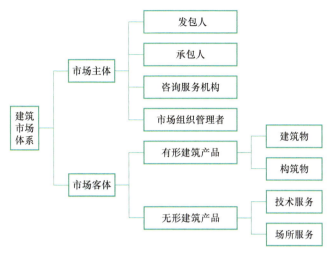

图 1-3　建筑市场体系

1. 建筑市场主体

建筑市场主体是指参与建筑生产交易的各方。我国建筑市场的主体主要包括发包人、承包人（勘察、设计、施工、材料供应等单位）、咨询服务机构和市场组织管理者。

（1）发包人

发包人是指具有工程发包主体资格和支付工程价款能力的当事人，以及取得该当事人资格的合法继承人。发包人有时称为发包单位、建设单位或业主、项目法人。

发包人是由投资方代表组成的，对建设项目的筹划、筹资、设计、建设实施直至生产经营、归还贷款及债券本息等全面负责并承担风险的项目管理班子。发包人必须承担建设项目的全部责任和风险，对建设过程中的各个环节进行统筹安排，实现责、权、利的统一。

（2）承包人

承包人是指具有一定的生产能力、技术装备、流动资金，具有承包工程建设任务的营业资质，在建筑市场中能够按照发包人的要求提供不同形态的建筑产品，并获得工程价款的建筑企业。

（3）咨询服务机构

咨询服务机构是指具有一定注册资金和相应的专业服务能力，持有从事相关业务的资质证书和营业执照，能对工程建设提供估算测量、管理咨询、建设监理等智力型服务或代理，并取得服务费用的机构和其他为工程建设服务的专业组织。

2. 建筑市场客体

建筑市场客体一般称作建筑产品，它包括有形建筑产品——建筑物、构筑物，以及无形建筑产品——技术服务、场所服务。

在市场经济条件下，建筑企业生产的产品大多是为了交换而生产的，建筑产品是商品，但具有与其他商品不同的特点：

1）建筑产品的固定性和生产过程的流动性。与工农业产品不同，建筑产品如房屋、桥梁等，建成后不能移动，只能在建造地点发挥作用，这就使施工人员和机械必须随着建设项目流动，这带来施工管理的多变性和复杂性。

2）建筑产品的个体性和生产的单件性。这一特点使每项建设工程都要单独进行设计与施工，这带来设计、施工和管理的多变性和复杂性。

3）建筑产品投资数额大，生产周期和使用周期长，而且建筑产品工程量巨大，消耗的人力和物力极多。

4）建筑产品的整体性和施工生产的专业性。在建筑产品技术含量越来越高的情况下，需要由土建、安装和装饰等专业化施工企业分包来完成整个工程，这产生了总包和分包的承包形式。

5）建筑产品质量不合格，只能修理或推倒重来，而不能退货。建筑产品出现质量问题会对建设单位、施工单位、用户，甚至第三方造成巨大损失乃至人身伤亡。

由于建筑产品具有以上这些特点，决定了建筑市场的交易贯穿于建筑产品生产的整个过程。从工程建设的咨询、设计、施工，一直到工程竣工、保修期结束，发包方与承包方、分包方进行的各种交易以及相关的商品混凝土供应、构（配）件生产、建筑机械租赁等活动，都是在建筑市场中进行的，生产活动和交易活动交织在一起，使得建筑市场在许多方面不同于其他产品市场。

四、建筑市场的资质管理

建筑业是国民经济的支柱产业，与公共安全和人民生命财产息息相关。实行建设工程企业资质市场准入，是我国建筑市场监管的重要制度之一，为规范市场主体行为发挥了重要作用。党的二十大报告提出高质量发展要求，全国住房和城乡建设工作会议要求建筑市场监管向"宽进、严管、重罚"转变，用好数字化和信用手段，构建诚信守法、公平竞争、追求品质的市场环境。为深入贯彻落实党的二十大精神，切实保证工程质量安全和人民生命财产安全，规范建筑市场秩序，激发企业活力，住房和城乡建设部出台了《住房城乡建设部关于进一步加强建设工程企业资质审批管理工作的通知》，对进一步加强建设工程企业资质审批管理工作提出了要求。

1. 关于建筑业企业资质管理

建筑业企业是指从事土木工程、建筑工程、线路管道设备安装工程的新建、扩建、改建等施工活动的企业。

《建设工程企业资质管理制度改革方案》提出，持续优化营商环境，大力精简企业资质类别，归并等级设置，简化资质标准，优化审批方式，进一步放宽建筑市场准入限制，降低制度性交易成本，破除制约企业发展的不合理束缚，持续激发市场主体活力，促进就业创业，加快推动建筑业转型升级，实现高质量发展。另外，《国务院办公厅关于印发全国深化"放管服"改革优化营商环境电视电话会议重点任务分工方案的通知》（国办发〔2019〕39号）对企业资质精简了类别，归并了等级设置。

改革后，工程勘察资质分为综合资质和专业资质，工程设计资质分为综合资质、行业资质、专业和事务所资质，施工资质分为综合资质、施工总承包资质、专业承包资质和专业作业资质，工程监理资质分为综合资质和专业资质。资质等级原则上压减为甲、乙两级（部分资质只设甲级或不分等级），资质等级压减后，中小企业承揽业务范围将进一步放宽，有利于促进中小企业发展。具体如下：

（1）工程勘察资质

保留综合资质；将 4 类专业资质及劳务资质整合为岩土工程、工程测量、勘探测试 3 类专业资质。综合资质不分等级，专业资质等级压减为甲、乙两级。

（2）工程设计资质

保留综合资质；将 21 类行业资质整合为 14 类行业资质；将 151 类专业资质、8 类专项资质、3 类事务所资质整合为 70 类专业和事务所资质。综合资质、事务所资质不分等级；行业资质、专业资质等级原则上压减为甲、乙两级（部分资质只设甲级）。

（3）施工资质

将 10 类施工总承包企业特级资质调整为施工综合资质，可承担各行业、各等级施工总承包业务；保留 12 类施工总承包资质，将民航工程的专业承包资质整合为施工总承包资质；将 36 类专业承包资质整合为 18 类；将施工劳务企业资质改为专业作业资质，由审批制改为备案制。综合资质和专业作业资质不分等级；施工总承包资质、专业承包资质等级原则上压减为甲、乙两级（部分专业承包资质不分等级），其中施工总承包甲级资质在本行业内承揽业务规模不受限制。

（4）工程监理资质

保留综合资质；取消专业资质中的水利水电工程、公路工程、港口与航道工程、农林工程资质，保留其余 10 类专业资质；取消事务所资质。综合资质不分等级，专业资质等级压减为甲、乙两级。

放宽准入限制，激发企业活力。放宽对企业资金、主要人员、工程业绩和技术装备等的考核要求。适当放宽部分资质承揽业务规模上限，多个资质合并的，新资质承揽业务范围相应扩大至整合前各资质许可范围内的业务，尽量减少政府对建筑市场微观活动的直接干预，充分发挥市场在资源配置中的决定性作用。

2. 关于工程造价咨询资质

根据《国务院关于深化"证照分离"改革进一步激发市场主体发展活力的通知》（国发〔2021〕7 号），工程造价咨询企业甲级、乙级资质证书在全国范围内正式取消审批，自 2021 年 7 月 1 日实施。工程造价资质取消是贯彻国家"放管服"改革的具体措施。该举措强调降低行业准入门槛、加强市场竞争和优胜劣汰、推进简政放权，健全企业信息管理制度、推进信用体系建设、构建协同监管新格局、提升工程造价咨询服务能力、加强事中事后监管。

3. 关于工程建设专业技术从业人员管理

《中华人民共和国建筑法》第十四条规定，从事建筑活动的专业技术从业人员，应当依法取得相应的执业资格证书，并在执业资格证书许可的范围内从事建筑活动。由于专业技术从业人员的工作水平对工程项目建设的成败具有重要影响，所以对专业技术从业人员的执业资格条件有很高的要求。目前，我国专业技术从业人员执业资格的管理制度正逐步规范化、制度化。根据国务院推进简政放权、放管结合、优化服务改革要求，人力资源和社会保障部会同国务院有关部门对《国家职业资格目录》逐步进行优化调整。我国现阶段实施的专业技术从业人员执业资格的种类有很多，建筑类相关的有建筑师、监理工程师、造价工程师、房地产估价师、建造师、勘察设计注册工程师等，它们都有相关报考资格与注册条件。表 1-2 列举了其中的几种来说明工程建设专业技术从业人员执业资格报考条件。

表 1-2　部分工程建设专业技术从业人员执业资格报考条件

执业资格	报考条件	相关文件
一级造价工程师	1. 具有工程造价专业大学专科（或高等职业教育）学历，从事工程造价业务工作满 5 年；具有土木建筑、水利、装备制造、交通运输、电子信息、财经商贸大类大学专科（或高等职业教育）学历，从事工程造价业务工作满 6 年 2. 具有通过工程教育专业评估（认证）的工程管理、工程造价专业大学本科学历或学位，从事工程造价业务工作满 4 年；具有工学、管理学、经济学门类大学本科学历或学位，从事工程造价业务工作满 5 年 3. 具有工学、管理学、经济学门类硕士学位或者第二学士学位，从事工程造价业务工作满 3 年 4. 具有工学、管理学、经济学门类博士学位，从事工程造价业务工作满 1 年 5. 具有其他专业相应学历或者学位的人员，从事工程造价业务工作年限相应增加 1 年	《住房城乡建设部　交通运输部　水利部　人力资源社会保障部关于印发〈造价工程师职业资格制度规定〉〈造价工程师职业资格考试实施办法〉的通知》（建人〔2018〕67 号）
二级造价工程师	1. 具有工程造价专业大学专科（或高等职业教育）学历，从事工程造价业务工作满 2 年；具有土木建筑、水利、装备制造、交通运输、电子信息、财经商贸大类大学专科（或高等职业教育）学历，从事工程造价业务工作满 3 年 2. 具有工程管理，工程造价专业大学本科及以上学历或学位，从事工程造价业务工作满 1 年；具有工学、管理学、经济学门类大学本科及以上学历或学位，从事工程造价业务工作满 2 年 3. 具有其他专业相应学历或学位的人员，从事工程造价业务工作年限相应增加 1 年	
房地产估价师	1. 拥护中国共产党领导和社会主义制度 2. 遵守中华人民共和国宪法、法律、法规，具有良好的业务素质和道德品行 3. 具有高等院校专科以上学历	《住房和城乡建设部　自然资源部关于印发〈房地产估价师职业资格制度规定〉〈房地产估价师职业资格考试实施办法〉的通知》（建房规〔2021〕3 号）
监理工程师	1. 具有各工程大类专业大学专科学历（或高等职业教育），从事工程施工、监理、设计等业务工作满 6 年 2. 具有工学、管理科学与工程类专业大学本科学历或学位，从事工程施工、监理、设计等业务工作满 4 年 3. 具有工学、管理科学与工程一级学科硕士学位或专业学位，从事工程施工、监理、设计等业务工作满 2 年 4. 具有工学、管理科学与工程一级学科博士学位	《住房城乡建设部　交通运输部　水利部　人力资源社会保障部关于印发〈监理工程师职业资格制度规定〉〈监理工程师职业资格考试实施办法〉的通知》（建人规〔2020〕3 号）
一级建造师	1. 取得工程类或工程经济类专业大学专科学历，从事建设工程项目施工管理工作满 4 年 2. 取得工学门类、管理科学与工程类专业大学本科学历，从事建设工程项目施工管理工作满 3 年 3. 取得工学门类、管理科学与工程类专业硕士学位，从事建设工程项目施工管理工作满 2 年 4. 取得工学门类、管理科学与工程类专业博士学位，从事建设工程项目施工管理工作满 1 年	《关于印发〈建造师执业资格制度暂行规定〉的通知》（人发〔2002〕111 号）以及《关于印发〈建造师执业资格考试实施办法〉和〈建造师执业资格考核认定办法〉的通知》（国人部发〔2004〕16 号）

五、建设工程交易中心

1. 建设工程交易中心的基本功能

我国的建设工程交易中心是按照三大功能进行构建的，如图 1-4 所示。

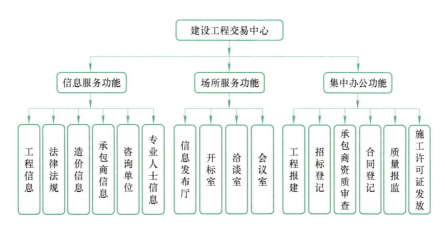

图 1-4 建设工程交易中心的基本功能

（1）信息服务功能

信息服务功能包括收集、存储和发布各类工程信息、法律法规、造价信息、建材价格、承包商信息、咨询单位和专业人士信息等。建设工程交易中心配备有大型电子墙、计算机网络工作站，为承（发）包交易提供广泛的信息服务。

（2）场所服务功能

对于政府部门、国有企（事）业单位的投资项目，一般情况下必须进行公开招标，只有特殊情况下才允许采用邀请招标。所有建设项目进行招标投标必须在有形的建筑市场内进行，必须由有关管理部门进行监督。按照这个要求，建设工程交易中心必须为工程承（发）包交易双方的招标、评标、定标、合同谈判等提供设施和场所服务。《建设工程交易中心管理办法》规定，建设工程交易中心应具备信息发布厅、开标室、洽谈室、会议室及相关设施，以满足业主和承包商，分包商，设备、材料供应商之间的交易需要。同时，要为政府有关管理部门进驻集中办公、办理有关手续和依法监督招标投标活动提供场所服务。

（3）集中办公功能

由于众多建设项目要进入有形的建筑市场进行报建、招标投标交易和办理有关批准手续，这就要求政府有关建设管理部门进驻建设工程交易中心集中办理有关审批手续和进行管理。建设工程交易中心受理申报的内容一般包括：工程报建、招标登记、承包商资质审查、合同登记、质量报监、施工许可证发放等。进驻建设工程交易中心的相关管理部门集中办公，公布各自的办事制度和程序，既能按照各自的职责依法对建设工程交易活动实施有力监督，又方便当事人办事，有利于提高办公效率。

2. 建设工程交易中心运作的一般程序

按照有关规定，建设项目进入建设工程交易中心后，一般按下列程序运行：

1）拟建工程经立项（或计划）批准后，到建设工程交易中心办理报建备案手续。工程建设项目的报建内容主要包括工程名称、建设地点、投资规模、资金来源、当年投资额、工程规模、工程筹建情况、计划开工和竣工日期等。

2）报建工程由招标监督部门依据《中华人民共和国招标投标法》和有关规定确认招标方式。

3）招标人依据《中华人民共和国招标投标法》和有关规定，履行建设项目的招标投标程序。

① 由招标人组成符合要求的招标工作班子，招标人不具有编制招标文件和组织评标能力的，应委托招标代理机构办理有关招标事宜。

② 编制招标文件，招标文件应包括工程的综合说明、施工图纸、工程量清单、工程价款执行的定额标准和支付方式、拟订合同的主要条款等。

③ 招标人需向招标投标监督部门进行招标申请，招标申请书的主要内容包括建设单位的资格，招标工程具备的条件，拟采用的招标方式和对投标人的要求、评标方式等，并附招标文件。

④ 招标人在建设工程交易中心统一发布招标公告，招标公告应当载明招标人的名称和地址，招标项目的性质、数量、实施地点和时间，以及获取招标文件的办法等事项。

⑤ 投标人申请投标。

⑥ 招标人对投标人进行资格预审，并将审查结果通知各申请投标的投标人。

⑦ 在建设工程交易中心向合格的投标人分发招标文件及设计图纸、技术资料等。

⑧ 组织投标人踏勘现场，并对招标文件答疑。

⑨ 建立评标委员会，制定评标、定标办法。

⑩ 在建设工程交易中心接受投标人提交的投标文件，并同时开标；在建设工程交易中心内组织评标，决定中标人。

1.4 建设工程招标投标相关法律

应用案例

2022年9月25日，某市中心医院要建设一栋康复中心大楼，大楼建筑面积4000m²，连体附属3层停车楼一座，总造价2100万元。工程采用招标方式进行发包。由于康复中心大楼在设计上要求比较复杂，根据当地建设局的建议并经建设单位研究决定，对参加投标单位的主体要求是最低不得低于二级资质。经过公开招标，有甲和乙参加了投标，两个投标单位在施工资质、施工力量、施工工艺水平以及社会信誉方面都相差不大，建设单位以及招标工作领导小组的成员对究竟选择哪一家作为中标单位存在分歧。

正在招标方犹豫不决时，有单位丙参入其中，丙单位的法定代表人是中心医院主要负责人的亲戚，但是其施工资质却是三级，经丙单位的法定代表人的私下活动，招标方同意让丙与甲以联合体的形式联合承包工程，并明确向甲暗示，如果不接受这个投标方案，则该工程的中标将授予乙单位。甲为了获得该项工程，同意了与丙单位联合承包该工程，并同意将停车楼交给丙单位施工。于是甲和丙联合投标获得成功。甲与中心医院签订了《建设工程施工合同》，甲与丙也签订了联合承包工程的协议。

【引导问题】

1. 在上述招标过程中，中心医院作为该项目的建设单位，其行为是否合法？

2. 从上述背景资料来看，此案例中构成的联合体投标是否有效？为什么？

3. 通常情况下，招标人和投标人串通投标的行为有哪些表现形式？

知识导入

一、建设工程招标投标法律体系的构成

建设工程招标投标要规范各参与主体的行为，这就需要建立一个相互联系、相互补充、相互协调、多层次的完整统一的法律体系，即建设工程招标投标法律体系，它是根据《中华人民共和国立法法》的规定，制定和公布施行的有关建设工程招标投标的各项法律、行政法规、地方性法规、自治条例、单行条例、部门规章和地方政府规章的总称，是建设工程法律体系的一个重要组成部分。

我国建设工程招标投标法律体系的构成分为三个层次：第一个层次是建设法律，其由全国人民代表大会及其常务委员会制定并通过，由国家主席签署主席令予以公布；第二个层次是行政法规，是指由国务院根据宪法和法律制定的规范建设工程活动的各项法规，由国务院总理签署国务院令予以公布；第三个层次是指建设工程招标投标部门规章和建设工程招标投标地方性法规。招标投标部门规章是指国务院相关部委按照国务院规定的职权，根据法律和国务院的行政法规制定的规范工程建设招标投标活动的法规文件。地方性法规是指由省、自治区、直辖市及较大的市的人民代表大会及其常务委员会制定并通过的有关建设工程招标投标的法律文件。

上述法律、行政法规、部门规章和地方性法规的法律效力是：法律的效力高于行政法规，行政法规的效力高于部门规章和地方性法规，部门规章和地方性法规具有同级法律效力。与建设工程招标投标有关的法律法规、规章如下：

1. 法律

1）《中华人民共和国民法典》。

2）《中华人民共和国建筑法》。

3）《中华人民共和国招标投标法》。

4）《中华人民共和国政府采购法》。

2. 行政法规

1）《中华人民共和国招标投标法实施条例》。

2）《建设工程质量管理条例》。

3）《建设工程安全生产管理条例》。

4）《建设工程勘察设计管理条例》。

3. 部门规章

1）《工程建设项目施工招标投标办法》。

2）《工程建设项目货物招标投标办法》。

3）《建筑工程设计招标投标管理办法》。

4）《工程建设项目勘察设计招标投标办法》。

5）《房屋建筑和市政基础设施工程施工招标投标管理办法》。

6）《评标委员会和评标方法暂行规定》。

7）《评标专家和评标专家库管理暂行办法》。

8）《工程建设项目招标投标活动投诉处理办法》。

二、《中华人民共和国招标投标法》

1. 《中华人民共和国招标投标法》简介

《中华人民共和国招标投标法》由第九届全国人民代表大会常务委员会第十一次会议于1999年8月30日通过，自2000年1月1日起正式施行；根据2017年12月27日第十二届全国人民代表大会常务委员会第三十一次会议《关于修改〈中华人民共和国招标投标法〉〈中华人民共和国计量法〉的决定》修正。这是一部标志着我国社会主义市场经济法律体系进一步完善的法律，是招标投标领域的基本法律。

《中华人民共和国招标投标法》共六章，六十八条。第一章总则，主要规定了立法目的、适用范围、调整对象、必须招标的范围、招标投标活动必须遵循的基本原则等；第二章招标，主要规定了招标人的定义、招标方式、招标代理机构资格认定、招标代理权限范围、招标文件编制的要求等；第三章投标，主要规定了投标主体的资格、编制投标文件的要求、联合体投标等；第四章开标、评标和中标，主要规定了开标、评标和中标各个环节的具体规则和时限要求等；第五章法律责任，主要规定了违反招标投标活动中的具体规定时各方应承担的法律责任；第六章附则，规定了招标投标法的例外情形及施行日期。

2. 立法目的

《中华人民共和国招标投标法》的立法目的有以下几项：

（1）规范招标投标活动

招标投标，是在市场经济条件下进行大宗货物的买卖、工程建设项目的发包与承包，以及服务项目的采购与提供时，所采用的一种交易方式。采用招标投标方式进行交易活动是将竞争机制引入了交易过程。但在这一制度推行的过程中，也存在一些突出的问题，如按规定应当招标而不进行招标；在确定供应商、承包商的过程中采用"暗箱操作"，直接指定供应商、承包商；招标投标程序不规范，违反公开、公平、公正原则；招标人与投标人进行权钱交易，行贿受贿，搞虚假招标；投标人串通投标，进行不公平竞争；利用行政权力强行指定中标人等。因此，以法律的形式规范招标投标活动，是制定《中华人民共和国招标投标法》的基本目的。

（2）保护国家利益

《中华人民共和国招标投标法》对招标范围的规定，保障了财政资金和其他国有资金的节约及合理、有效使用。按照公开、公平、公正原则依法进行的招标投标，对于节约及合理、有效使用国有建设资金具有重要意义。同时，有利于反腐倡廉，防止国有资产的流失。

（3）保护社会公共利益

社会公共利益是指全体社会成员的共同利益，《中华人民共和国招标投标法》对国家利益的保护，也是对社会公共利益的保护。

（4）保护招标投标活动当事人的合法权益

《中华人民共和国招标投标法》对招标投标各方当事人应当享有的基本权利做出了规定。例如《中华人民共和国招标投标法》中规定，依法必须进行招标的项目，其招标投标活动不受地区或者部门的限制。任何单位和个人不得违法限制或者排斥本地区、本系统以外的法人或者其他组织参加投标，不得以任何方式非法干涉招标投标活动等。

（5）提高经济效益

对国家投资、融资建设的生产经营性项目实行招标投标制度，有利于节省投资、缩短工期、保证质量，从而有利于提高投资效益及项目建成后的经济效益。

（6）保证项目质量

依照法定的招标投标程序，通过竞争，选择技术强、信誉好、质量保障体系可靠的投标人中标，对于保证采购项目的质量是十分重要的。

3. 适用范围

（1）地域范围

《中华人民共和国招标投标法》第二条规定："在中华人民共和国境内进行招标投标活动，适用本法。"即《中华人民共和国招标投标法》适用于在我国境内进行的各类招标投标活动，这是《中华人民共和国招标投标法》的空间效力。

（2）主体范围

《中华人民共和国招标投标法》的适用主体范围很广泛，只要在我国境内进行的招标投标活动，无论是哪类主体，都要执行《中华人民共和国招标投标法》。具体包括两类主体：第一类是国内各类主体，既包括各级权力机关、行政机关和司法机关及其所属机构等国家机关，也包括国有企（事）业单位、外商投资企业、私营企业及其他各类经济组织，同时还包括允许个人参与招标投标活动的公民（个人）；第二类是在我国境内的各类外国主体，即在我国境内参与招标投标活动的外国企业，或者外国企业在我国境内设立的能够独立承担民事责任的分支机构等。

4. 招标投标基本原则

招标投标基本原则参考 1.1 节相关内容。

课 / 后 / 练 / 习

一、单选题

1. 《中华人民共和国招标投标法》于（　　　）起开始实施。

A．2000 年 7 月 1 日　　　　　　　　B．1999 年 8 月 30 日

C．2000 年 1 月 1 日　　　　　　　　D．1999 年 10 月 1 日

2. 关于建设工程从业资格制度，下列说法中错误的是（　　　）。

A．建筑业企业资质分为施工总承包、专业承包、劳务分包和设计承包

B．取得专业承包资质的企业，可以承接施工总承包企业分包的专业工程

C．工程勘察资质分为工程勘察综合资质、工程勘察专业资质、工程勘察劳务资质

D．工程设计资质分为工程设计综合资质、工程设计行业资质、工程设计专业资质和工程设计专项资质

3. 当地方性法规、规章之间发生冲突时，下列解决办法中正确的是（　　　）。

A．部门规章之间不一致的，适用新规定；同时颁布的，由双方协商

  B．地方性法规、规章中新的一般规定与旧的特别规定不一致时，由制定机关裁决

  C．部门规章与地方政府规章之间对同一事项的规定不一致时，由全国人大常委会法工委裁决

  D．地方性法规与部门规章对同一事项的规定不一致时，由国务院裁决

4．全部使用国有资金投资，依法必须进行施工招标的工程项目，应当（   ）。

  A．进入有形建筑市场进行招标投标活动   B．进入无形建筑市场进行招标投标活动

  C．进入有形建筑市场进行直接发包活动   D．进入无形建筑市场进行直接发包活动

5．下列与工程建设有关的法律、法规、部门规章中，（   ）属于行政法规范畴。

  A．《中华人民共和国建筑法》   B．《建设工程安全生产管理条例》

  C．《建造师执业资格制度暂行规定》   D．《建筑业企业资质等级标准》

6．按照《建造师执业资格制度暂行规定》，二级建造师可担任（   ）。

  A．二级及以下资质的建筑企业承包范围的建设工程施工的项目经理

  B．二级及以上资质的建筑企业承包范围的建设工程施工的项目经理

  C．建设工程项目的项目经理

  D．建设工程项目施工的项目经理

7．《中华人民共和国建筑法》规定，从事建筑活动的专业技术人员，应当依法取得相应的（   ）证书，并在其许可的范围内从事建筑活动。

  A．技术职称   B．执业资格   C．注册   D．岗位

8．国际上把建设监理单位所提供的服务归为（   ）服务。

  A．工程咨询   B．工程管理   C．工程监督   D．工程策划

9．下面对施工总承包企业资质等级划分正确的是（   ）。

  A．一级、二级、三级   B．一级、二级、三级、四级

  C．特级、一级、二级、三级   D．特级、一级、二级

10．获得（   ）资质的企业，可承接施工总包企业分包的专业工程或者建设单位按照规定发包的专业工程。

  A．劳务分包   B．技术承包   C．专业承包   D．技术分包

11．在形成和订立招标投标合同时，如《中华人民共和国民法典》与《中华人民共和国招标投标法》对同一事项的规定不一致，应执行后者的规定，这体现了法律的（   ）。

  A．纵向效力层级   B．横向效力层级

  C．行政效力层级   D．时间序列效力层级

12．下面不属于广义的法律的是（   ）。

  A．《中华人民共和国建筑法》   B．《建设工程安全管理条例》

  C．《甲市建筑市场管理条例》   D．《建设工程施工承包合同（示范文本）》

13．建筑市场的进入，是指各类项目的（   ）进入建设工程交易市场，展开建设工程交易活动的过程。

  A．业主、承包商、供应商   B．业主、承包商、中介机构

  C．承包商、供应商、交易机构   D．承包商、供应商、中介机构

14．以下关于法律法规效力层级说法错误的是（   ）。

  A．宪法具有最高的法律效力，其后依次是法律、行政法规、地方性法规、规章

  B．同一机关制定的法律、行政法规、地方性法规、规章，特别规定与一般规定不一致的，适用特别规定

  C．同一机关制定的特别规定效力应高于一般规定

  D．地方性法规与部门规章之间对同一事项规定不一致，不能确定如何适用时，由国务院决定如何适用

二、多选题

1．从事建筑活动的建筑施工企业应当具备的条件，下列说法正确的有（　　　）。

  A．有符合国家规定的注册资本

  B．有与其从事的建筑活动相适应的具有法定执业资格的专业技术人员

  C．有向发证机关申请的资格证书

  D．有从事相关建筑活动所需要的技术装备

  E．法律、行政法规规定的其他条件

2．我国的建筑施工企业分为（　　　）。

  A．工程监理企业   B．施工总承包企业

  C．专业承包企业   D．劳务分包企业

  E．工程招标代理机构

3．获得专业承包资质的企业，可以（　　　）。

  A．对所承接的工程全部自行施工

  B．对主体工程实行施工承包

  C．承接施工总承包企业分包的专业工程

  D．承接建设单位按照规定发包的专业工程

  E．将劳务作业分包给具有劳务分包资质的其他企业

4．《中华人民共和国建筑法》规定，必须取得相应等级的资质证书，方可从事建筑活动的单位或企业包括（　　　）。

  A．工程总承包企业   B．建筑施工企业

  C．勘察单位   D．设计单位

  E．设备生产企业

5．获得施工总承包资质的企业，可以（　　　）。

  A．对工程实行施工总承包   B．对主体工程实行施工承包

  C．对所承接的工程全部自行施工 D．将劳务作业分包给具有相应资质的企业

  E．将主体工程分包给其他企业

6．从事建筑活动的建筑企业按照其拥有的（　　　）等资质条件，划分为不同的资质等级，经资质审查合格，取得相应等级的资质证书后，方可在其资质等级许可的范围内从事建筑活动。

  A．技术装备   B．注册资本

  C．专业技术人员   D．已完成的建筑工程的优良率

  E．在建项目规模

7．我国法的形式主要有（　　　）。

  A．宪法   B．法律   C．行政法规   D．部门规章

  E．合同示范文本

8．建筑市场的主体主要包括（　　　　）。

    A．发包人　　　　　　B．建设项目　　　　　C．承包人　　　　　　D．中介机构

    E．监督机构

9．工程设计资质可以分为（　　　　）。

    A．工程设计综合资质　　　　　　　　B．工程设计行业资质

    C．工程设计专业资质　　　　　　　　D．工程设计专项资质

    E．劳务资质

10．《中华人民共和国招标投标法》的立法目的包括（　　　　）。

    A．规范招标投标活动　　　　　　　　B．提高经济效益、保证项目质量

    C．保护国家利益　　　　　　　　　　D．保护招标人的合法权益

    E．保护社会公共利益

三、案例题

某学校与某建筑公司签订一教学楼施工合同，明确施工单位要保质保量保工期完成学校的教学楼施工任务。工程按合同工期竣工后，承包方向学校提交了竣工报告。学校为了不影响学生上课，还没组织验收就直接投入了使用。在使用过程中，校方发现教学楼存在质量问题，要求施工单位修理。施工单位认为工程未经验收，学校提前使用而出现质量问题，施工单位不应承担责任。

问题：

（1）请根据建筑市场相关知识分析本案例中的建筑主体和建筑客体都是什么。

（2）根据相关法律法规知识，分析本案例中出现的质量问题应由谁承担相关责任。

四、实训题

实训目标：

某新建学校拟建于某市经济开发区内，占地面积约 10 万 m^2，建筑面积约 7.5 万 m^2，学校计划分设国际部、国内部、国际基础教育交流研究所和英语培训中心，校区将新建教学大楼（国际部、高中部、初中部、小学部、幼儿园）、教师公寓楼、学生公寓楼、学生活动中心、运动场、图书馆、科学楼、国际交流中心、英语培训中心、培训公寓楼等，投资额约 3 亿元。

实训要求：

请根据基本建设程序相关知识，描述该项目的基本建设程序。

单元 2

建设工程招标

思维导图

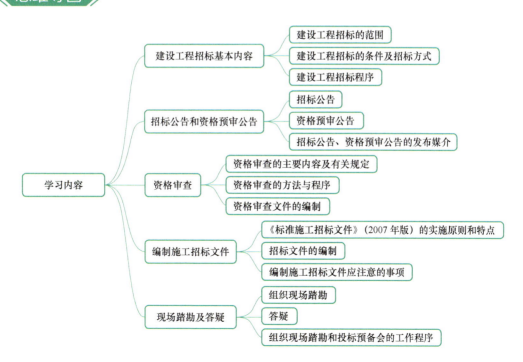

2.1 建设工程招标基本内容

应用案例

××小区土建工程施工，一标段 3#、4#、5# 楼工程施工，总建筑面积 12640.8m²；二标段 6#、7#、8# 楼以及小区围墙和现场 410m 长的临时道路工程施工，总建筑面积 10174.8m²。投标人是具有房屋建筑工程施工总承包二级以上（含二级）资质的独立法人单位。

建设单位为 ×× 市 ×× 房地产开发有限公司，计划工期为 2023 年 3 月 29 日至 2024 年 10 月 30 日（其中二标段 8# 楼的业主会所的建筑工程竣工日期为 2024 年 6 月 30 日），资金来源为自筹资金。建设单位想通过公开招标择优选择具有资质的施工单位，建设单位按照规定程序办理了招标备案手续，×× 招标有限公司受建设单位的委托进行公开招标。

【引导问题】

建设工程招标投标的目的是什么？它涉及哪些工作环节？本案例要进行招标需要具备什么条件？

知识导入

一、建设工程招标投标的概念

1. 招标投标

招标投标是一种特殊的市场交易方式，是采购人事先提出货物工程或服务采购的条件和要求，邀请众多投标人参加投标并按照规定程序从中选择交易对象的一种市场交易行为。也就是说，它是由招标人或招标人委托的招标代理机构通过媒介公开发布招标公告或投标邀请函，发布招标采购的信息与要求，邀请潜在投标人参加平等竞争，然后按照规定的程序和办法，通过对投标竞争者的报价、质量、工期（或交货期）和技术水平等因素进行科学地比较和综合分析，从中择优选定中标者，并与其签订合同，以实现节约投资、保证质量和优化配置资源的一种特殊交易方式。

招标是指招标人事先公布有关工程货物或服务等交易业务的采购条件和要求，以吸引他人参加竞争，这是招标人为签订合同而进行的准备，在性质上属要约邀请。投标是指投标人获悉招标人提出的条件和要求后，以订立合同为目的向招标人做出愿意参加有关任务承接竞争的意思表示，在性质上属要约。中标是指招标人完全接受众多投标人中提出最优条件的投标人，在性质上属承诺。招标投标订立合同的程序如图 2-1 所示。

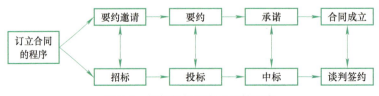

图 2-1　招标投标订立合同的程序

2. 建设工程招标投标

建设工程招标投标是指建设单位或个人（即业主或项目法人）通过招标的方式，将建设工程项目的勘察、设计、施工、材料设备供应、监理等业务，一次或分步发包，由具有相应资质的承包单位通过投标竞争的方式承接。但是，在实际的建设工程招标投标过程中，人们总是把招标和投标分成两个不同内容的过程，因此对招标和投标做了不同的理解，赋予了不同的含义。工程招标是指招标人就拟建工程发布公告，以法定方式吸引承包单位自愿参加竞争，从中择优选定工程承包方。工程投标是指响应招标、参与投标竞争的法人或者其他组织，按照招标公告或投标邀请函的要求制作并递送标书，履行相关手续，争取中标。建设工程招标投标的突出优点是：将竞争机制引入工程建设领域，工程项目的发包方、承包方和中介机构统一纳入建筑市场实行公开交易，给市场主体的交易行为赋予了极大的透明度，鼓励竞争，防止和反对垄断，通过平等竞争、优胜劣汰，最大限度地实现投资效益的最优化；通过严格、规范、科学合理的运作程序和监管机制，有力地保证了竞争过程的公正和交易安全。建设工程招标如图 2-2 所示。

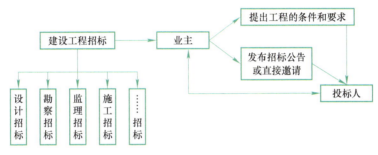

图 2-2 建设工程招标

二、建设工程招标投标的目的及特性

（1）招标投标的目的

建设工程招标投标通过竞争择优选定项目的勘察、设计、设备安装、施工、装饰装修、材料设备供应、监理和工程总承包等单位，达到保证工程质量、缩短建设周期、控制工程造价、提高投资效益的目的。

（2）招标投标的特性

1）竞争性。建设工程招标投标可实现有序竞争、优胜劣汰，可优化资源配置，提高项目的社会效益和经济效益。这是社会主义市场经济的本质要求，也是招标投标的根本特性。

2）程序性。建设工程招标投标活动必须严格遵循法律程序。《中华人民共和国招标投标法》及相关法律政策，对招标人从确定招标采购范围、招标方式、招标组织形式直至选择中标人并签订合同的招标投标全过程每一个环节的时间、顺序都有严格、规范的规定，不能随意改变。任何违反法律程序的招标投标行为，都可能侵害其他当事人的权益，必须承担相应的法律后果。

3）规范性。《中华人民共和国招标投标法》及相关法律政策，对招标投标各个环节的工作条件、内容、范围、形式、标准以及参与主体的资格、行为和责任都做出了严格的规定。

4）一次性。投标要约和中标承诺只有一次机会，且密封投标，双方不得在招标投标过程中就实质性内容进行协商谈判、讨价还价。这也是与询价采购、谈判采购以及拍卖竞价的主要区别。

5）技术经济性。招标采购或出售标的都具有不同程度的技术性，包括标的的使用功能和技术标准，建造、生产和服务过程的技术及管理要求等。招标投标的经济性则体现在中标价格，是招标人预期投资目标和投标人竞争期望值的综合平衡。

三、建设工程招标的范围

1.《中华人民共和国招标投标法》规定的必须进行招标的范围

《中华人民共和国招标投标法》第三条规定，在中华人民共和国境内进行下列工程建设项目，包括项目的勘察、设计、施工、监理以及与工程建设有关的重要设备、材料等的采购，必须进行招标：

1）大型基础设施、公用事业等关系社会公共利益、公众安全的项目。这些项目通常涉及国家的基础性服务和公众服务，如铁路、公路、港口、机场、通信等设施，以及为公众提供服务的自来水、电力、燃气等行业。

2）全部或者部分使用国有资金投资或者国家融资的项目。这包括使用各级政府的财政拨款建设的项目，使用纳入财政预算管理的各种政府性基金建设的项目，以及使用各级政府及政府部门的预算外资金建设的项目。

3）使用国际组织或者外国政府贷款、援助资金的项目。这涵盖了由世界银行、亚洲开发银行等国际金融组织和国外政府的贷款和援助资金支持的项目。

前款所列项目的具体范围和规模标准，由国务院发展计划部门会同国务院有关部门制定，报国务院批准。法律或者国务院对必须进行招标的其他项目的范围有规定的，依照其规定执行。

2.《必须招标的工程项目规定》规定的必须进行招标的范围

《必须招标的工程项目规定》中涉及建设工程招标范围的条款如下：

第一条　为了确定必须招标的工程项目，规范招标投标活动，提高工作效率、降低企业成本、预防腐败，根据《中华人民共和国招标投标法》第三条的规定，制定本规定。

第二条　全部或者部分使用国有资金投资或者国家融资的项目包括：

1）使用预算资金 200 万元人民币以上，并且该资金占投资额 10% 以上的项目。

2）使用国有企业事业单位资金，并且该资金占控股或者主导地位的项目。

第三条　使用国际组织或者外国政府贷款、援助资金的项目包括：

1）使用世界银行、亚洲开发银行等国际组织贷款、援助资金的项目。

2）使用外国政府及其机构贷款、援助资金的项目。

第四条　不属于本规定第二条、第三条规定情形的大型基础设施、公用事业等关系社会公共利益、公众安全的项目，必须招标的具体范围由国务院发展改革部门会同国务院有关部门按照确有必要、严格限定的原则制订，报国务院批准。

第五条　本规定第二条至第四条规定范围内的项目，其勘察、设计、施工、监理以及与工程建设有关的重要设备、材料等的采购达到下列标准之一的，必须招标：

1）施工单项合同估算价在 400 万元人民币以上。

2）重要设备、材料等货物的采购，单项合同估算价在 200 万元人民币以上。

3）勘察、设计、监理等服务的采购，单项合同估算价在 100 万元人民币以上。

同一项目中可以合并进行的勘察、设计、施工、监理以及与工程建设有关的重要设备、材料等的采购，合同估算价合计达到前款规定标准的，必须招标。

3. 可以不进行招标的建设工程项目范围

《中华人民共和国招标投标法》第六十六条规定，涉及国家安全、国家秘密、抢险救灾或者属于利用扶贫资金实行以工代赈、需要使用农民工等特殊情况，不适宜进行招标的项目，按照国家有关规定可以不进行招标。

《中华人民共和国招标投标法实施条例》第九条规定，除招标投标法第六十六条规定的可以不进行招标的特殊情况外，有下列情形之一的，可以不进行招标：

1）需要采用不可替代的专利或者专有技术。

2）采购人依法能够自行建设、生产或者提供。

3）已通过招标方式选定的特许经营项目投资人依法能够自行建设、生产或者提供。

4）需要向原中标人采购工程、货物或者服务，否则将影响施工或者功能配套要求。

5）国家规定的其他特殊情形。

《工程建设项目施工招标投标办法》第十二条规定，依法必须进行施工招标的工程建设项目有下列情形之一的，可以不进行施工招标：

1）涉及国家安全、国家秘密、抢险救灾或者属于利用扶贫资金实行以工代赈需要使用农民工等特殊情况，不适宜进行招标。

2）施工主要技术采用不可替代的专利或者专有技术。

3）已通过招标方式选定的特许经营项目投资人依法能够自行建设。

4）采购人依法能够自行建设。

5）在建工程追加的附属小型工程或者主体加层工程，原中标人仍具备承包能力，并且其他人承担将影响施工或者功能配套要求。

6）国家规定的其他情形。

4. 违反法律和行政法规规避招标应承担的法律责任

《中华人民共和国招标投标法》第四条规定，任何单位和个人不得将依法必须进行招标的项目化整为零或者以其他任何方式规避招标。违反《中华人民共和国招标投标法》相关规定，必须进行招标的项目而不招标的，将必须进行招标的项目化整为零或者以其他任何方式规避招标的，责令限期改正，可以处项目合同金额千分之五以上千分之十以下的罚款；对全部或者部分使用国有资金的项目，可以暂停项目执行或者暂停资金拨付；对单位直接负责的主管人员和其他直接责任人员依法给予处分。

四、建设工程招标的条件及招标方式

1. 建设工程招标的条件

我国建设工程的招标条件除图 2-3 所示的以外，还应当具备以下条件：项目概算已经批准；项目正式列入国家或地方的年度固定资产投资计划；项目已经被所在地的规划部门批准；前期工作已基本完成等。只有具备这些条件的建设工程方可进行招标。

图 2-3　建设工程施工招标的必备条件

2. 建设工程招标的招标方式

《中华人民共和国招标投标法》明确规定，招标分为公开招标和邀请招标。

（1）公开招标

公开招标是指招标人通过报刊、广播、电视、互联网或其他媒介，公开发布招标公告，招揽不特定的法人或其他组织参加投标的招标方式。公开招标一般对投标人的数量不做限制，故也被称为"无限竞争招标"。

（2）邀请招标

邀请招标是指招标人以投标邀请书的方式直接邀请特定的法人或者其他组织参加投标的招标方式。由于投标人的数量是由招标人确定的，所以又被称为"有限竞争招标"。《中华人民共和国招标投标法》第十一条规定，国务院发展计划部门确定的国家重点项目和省、自治区、直辖市人民政府确定的地方重点项目不适宜公开招标的，经国务院发展计划部门或者省、自治区、直辖市人民政府批准，可以进行邀请招标。公开招标和邀请招标的对比见表 2-1。

表 2-1　公开招标和邀请招标的对比

项目	公开招标	邀请招标
适用条件	适用范围较广，大多数项目可以采用公开招标，规模较大、建设周期较长的项目尤为适用	通常适用于技术复杂、有特殊要求或者受自然环境限制只有少数潜在投标人可供选择的项目，或者拟采用公开招标的费用占合同金额比例过大的项目 国家和省级重点项目、国有资金占控股或主导地位的依法必须进行招标的项目，采用邀请招标应当经批准或认定
竞争程度	属无限竞争招标，投标人之间相互竞争比较充分	属有限竞争招标，投标人之间的竞争受到一定限制
招标成本	招标成本和社会资源耗费相对较大	招标成本和社会资源耗费相对较小
信息发布	招标人以公告的方式向不特定的对象发出投标邀请。依法必须进行招标的项目，应当在指定媒介发布招标公告或资格预审公告	招标人以投标邀请书的方式向特定的对象发出投标邀请
优点	信息公开、程序规范、竞争充分，不容易发生串标、抬标；投标人较多，招标人挑选余地较大，有利于从中选择出合适的中标人	招标工作量相对较小，招标花费较少，投标人比较重视，招标人选择的目标相对集中
缺点	投标人整体素质能力良莠不齐，招标工作量大、时间较长	投标人数量相对较少，竞争性较差；招标人在选择邀请对象前所掌握的信息存在局限性，有可能得不到最合适的承包商和获得最佳效益

五、建设工程招标程序

1. 工作程序

（1）招标准备阶段

1）业主委托招标代理的，需签订招标代理委托合同。实行招标代理的前提条件是办理委托手续，即签订招标代理委托合同。

2）编制招标方案。在招标人下达招标任务后，招标代理机构依据招标人要求，结合招标项目特点，编制科学、合理的招标方案。完善的招标方案是做好招标的基础。

3）编制招标公告。招标公告中须明确对投标人资质、条件、业绩、信誉的要求，目的是对潜在投标人提出准入门槛，确保有资格报名的企业具备一定的类似经验，保证项目的顺利实施。

4）编制招标文件。招标文件是招标人意志的集中反映，是投标人制作投标文件的主要依据。从结构上讲，招标文件由招标投标程序、投标报价要求、技术规定、合同文件、评标方法等部分构成。

5）准备图纸。施工设计图纸是招标文件的一部分，既是对工程建设项目的技术描述和规定，也是投标报价编制的重要依据之一。

6）编制工程量清单。委托专业的造价咨询机构，依据国家标准、规范和管理部门的要求，以施工设计图纸为基础，编制完备的工程量清单，作为投标报价的重要依据。

7）完善招标条件。项目招标需要一定的法律、政策条件，要完善工程建设项目前期审批、许可手续，取得相关证件，为项目招标做好备案准备。

（2）招标投标阶段

1）办理招标备案。招标开始前，应向建设行政主管部门办理招标备案，一般来说，所需文件有：招标代理委托合同、工程建设项目批准/核准/备案文件、建设项目登记备案证明、建设工程规划许可证、资金或资金来源已落实的证明、建设工程施工图设计文件审查备案书、农民工劳务工资支付保证金缴纳收据、渣土处置办结函等。

2）发布招标公告。备案办理完毕后，凭备案编号发布招标公告，发布媒介为当地建设行政主管部门认可的网站及国家指定的媒介。

3）报审招标文件。招标备案办理完毕后，向建设行政主管部门报审招标文件，招标文件一般在 3 个工作日内审查完毕。

4）接受投标人报名。招标公告发布后，在规定时间内由招标代理机构负责办理投标人报名手续。实行资格预审的项目，同时发放资格预审文件。

5）发售招标文件、图纸、资料。招标代理机构负责向报名的投标人发售招标文件、图纸、资料，发售时间不短于 5 个工作日，自开始发售之日起至开标之日，应至少有 20 天间隔。实行资格预审的项目，应在资格预审工作结束、确定投标人名单后，才能发售招标文件、图纸、资料。

6）组织踏勘现场。为方便投标人编制投标文件，了解项目现场情况和周边环境，一般要在招标文件发放的第 3 天组织踏勘现场。

7）组织招标答疑。为澄清投标人的疑问，或弥补招标文件错漏，一般要在招标文件发放的第 4 天组织招标答疑，形成招标答疑文件。

8）报审招标答疑文件。招标答疑文件在建设行政主管部门备案后，应在开标日 15 天前发放给所有招标文件收受人。如不能在上述时间完成，则应相应顺延开标日期。

9）编制招标控制价。国有资金投资的工程建设项目，应委托专业的造价咨询机构编制招标控制价。

10）报审招标控制价。招标控制价编制完毕后，应报建设行政主管部门审查备案，一般在3个工作日内给予审查意见。审查完毕的招标控制价应在开标日5天前发放给全部潜在投标人。如不能在上述时间完成，则应相应顺延开标日期。

11）编制开标、评标文件。招标代理机构依据招标文件及招标答疑文件编制开标、评标文件，为项目的开标、评标活动做准备。

12）召开标前会议。开标日之前，由招标人和招标代理机构组织标前会，商讨开标、评标活动安排，评标委员会组成，注意事项等。

13）接收投标人投标。潜在投标人依据招标文件要求的格式和内容，编制、签署、装订、密封、标识投标文件后，按照规定的时间、地点、方式递交投标文件，招标代理机构负责接收。

14）开标。招标人及其招标代理机构应按招标文件规定的时间、地点主持开标，邀请所有投标人派代表参加，并通知招标投标监督部门参加。

（3）决标阶段

1）评标。评标由招标人依法组建的评标委员会负责。评标委员会应当充分熟悉、掌握招标项目的主要特点和需求，认真阅读、研究招标文件及其评标方法、评标因素和标准、主要合同条款、技术规范等，并按照初步评审、澄清、详细评审、编写评标报告的步骤进行评标。

2）定标。招标人依据评标委员会递交的评标报告依法确定中标人，向招标代理机构出具定标情况说明。

3）中标公示。招标代理机构依据招标人出具的定标情况说明，在招标投标监督部门指定的媒介或场所公示中标结果。投标人在公示期内如果对招标投标活动、评标结果有异议或发现违法、违规行为，可以向招标人反映或向招标投标监督部门投诉、举报，要求调查处理。

4）编制资料汇编并提交招标投标情况书面报告。招标人、招标代理机构在确定中标人后的15日内，应该按有关规定将项目招标投标情况书面报告、招标资料汇编提交给招标投标监督部门。

5）发放中标通知书。项目招标投标情况书面报告、招标资料汇编经招标投标监督部门审核无异议后，招标代理机构向中标人发出中标通知书，同时将中标结果通知所有未中标的投标人。

（4）合同签订阶段

1）合同交底与谈判。招标人和中标人在不改变投标文件实质性内容的情况下，就合同文件细节进行交底和磋商。

2）签订施工合同。招标人与中标人应当自发出中标通知书之日起30日内，依据中标通知书、招标文件和投标文件中的合同构成文件，签订合同协议书。

3）退还投标保证金。招标人应在合同签订5个工作日内退还投标人投标保证金。

4）施工合同备案。合同签订后15日内，招标人与中标人应共同向合同监督部门办理备案、核准或登记。

2. 招标投标各方的职责及权利

招标投标各方的职责及权利见表2-2。

表 2-2　招标投标各方的职责及权利

工作名称	招标人或招标代理机构	投标人	评标委员会	监督部门
招标资格与备案	自行招标的，向建设行政主管部门备案 委托招标的，签订招标代理委托合同	—	—	建设行政主管部门接受备案
确定招标方式	按规定确定公开招标或邀请招标	—	—	—
发布招标公告或资格预审公告或投标邀请书	实行公开招标的，在指定媒介发布公告 实行邀请招标的，向3人以上潜在投标人发放投标邀请书	获得招标项目信息	—	—
编制、发放资格预审文件，递交资格预审申请书	编制资格预审文件，并向参加投标的投标申请人发放；接收资格预审申请书	获取资格预审文件，按要求填写资格预审申请书，并递交	—	—
资格预审，确定合格的投标申请人	审查、分析资格预审申请书；确定合格的投标申请人；向合格的投标申请人发放资格预审合格通知书	合格的投标申请人获得资格预审通知书，并提交书面回执	—	—
编制、发售招标文件	编制招标文件；将招标文件发售给合格的投标申请人，同时向建设行政主管部门备案	获取招标文件；准备投标文件	—	建设行政主管部门接受招标文件的备案
踏勘现场	组织投标人踏勘现场	现场踏勘；以书面形式提出问题；获取问题解答回执	—	—
答疑	答疑的两种形式： （1）书面形式，向所有人发放答疑纪要，同时向建设行政主管部门备案 （2）答疑会，最终以书面形式发放会议纪要并备案	获取答疑纪要或会议纪要回执	—	建设行政主管部门接受答疑纪要或会议纪要
招标文件的澄清、修改	招标文件的澄清、修改	获取澄清、修改文件回执	—	建设行政主管部门接受招标文件澄清、修改备案
编制、送达与签收投标文件	招标人接收投标文件，记录接收的具体时间；退回逾期送达的投标文件；开标前妥善保存投标文件	送达投标文件和投标担保	—	—
开标	招标人组织并主持开标、唱标	参加	—	参加
组建评标委员会	招标人依法组建评标委员会	—	—	监督管理
评标	组织唱标	对评标委员会的澄清内容进行书面答复或答辩	评标委员会评标；就投标的内容进行澄清或答辩；完成评标；推荐或确定中标人；编写评标报告	监督管理
编写招标投标情况书面报告并备案	招标人编写招标投标情况书面报告，确定中标人，15日内向建设行政主管部门备案	—	—	建设行政主管部门接受备案

（续）

工作名称	招标人或招标代理机构	投标人	评标委员会	监督部门
发出中标通知书	向中标人发出中标通知书并同时向未中标人发出中标结果；解答质疑	中标人接受中标通知书，未中标人接受中标结果并提出质疑	辅助解决争议，提供证据	接受质疑或投诉
签署合同	签署合同；办理、提交支付担保；退回中标人及未中标人的投标保证金；办理合同备案	中标人签署合同；办理、提交履约担保（注意，投标保证金不能抵作履约保证金）；接收投标保证金回执	—	建设行政主管部门接受备案

2.2 招标公告和资格预审公告

应用案例

××土建工程施工，一标段 3#、4#、5# 楼工程施工，总建筑面积 12640.8m²；二标段 6#、7#、8# 楼以及小区围墙和现场 410m 长临时道路工程施工，总建筑面积 10174.8m²。

该工程由×× 市 ×× 房地产开发有限公司作为招标人，计划工期为 2023 年 3 月 29 日至 2024 年 10 月 30 日（其中，二标段 8# 楼业主会所建筑工程的竣工日期为 2024 年 6 月 30 日）。资金来源为自筹资金。工程项目通过公开招标择优选取具有资质的法人单位承接。为进行公开招标，招标人按照规定程序办理了招标备案，×× 招标有限公司受 ×× 市 ×× 房地产开发有限公司的委托进行招标。

【引导问题】

根据应用案例的项目信息，该工程项目的招标公告应包括哪些内容？对发布招标公告的媒介有何要求？

知识导入

一、招标公告

招标公告是指招标人在进行科学研究、技术攻关、工程建设、合作经营或大宗商品交易时，公布标准和条件，提出价格和要求等项目内容，以期从中筛选出合适的承包单位或承包人参与招标活动的一种文书。在市场经济条件下，招标有利于促进竞争，加强横向经济联系，提高经济效益。

招标公告可分为 3 种类型：

1）未进行资格预审的公开招标项目，要发布招标公告。

2）适合公开招标经批准允许邀请招标的项目，要发送投标邀请书。

3）进行资格预审公开招标的项目，要发布资格预审公告，对通过资格预审的投标人发送资格预审通过通知书或投标邀请书。

招标公告的内容如下：

（1）招标条件

1）工程建设项目名称，项目审批、核准或者备案机关名称以及批准文件编号。

2）项目业主名称，即项目审批、核准或者备案文件中载明的项目业主。

3）项目资金来源和出资比例，例如国债资金 20%、银行贷款 30%、自筹资金 50% 等。

4）招标人名称，即负责项目招标的招标人名称，可以是项目业主或其授权的组织。

5）阐明该项目已具备招标条件，招标方式为公开招标。

（2）工程建设项目概况与招标范围

对工程建设项目的建设地点、规模、计划工期、招标范围、标段划分等进行概括性的描述，使潜在投标人能够初步判断是否有意愿以及自己是否有能力承担项目的实施。

（3）投标人资格要求

投标人资格要求包括：申请人应具备的工程施工资质等级、类似业绩、安全生产许可证、质量认证体系证书，以及对财务、人员、设备、信誉等方面的要求；是否允许联合体申请资格预审或投标以及相应的要求；投标人投标的标段数量或指定的具体标段。

（4）招标文件获取的时间、方式、地点

1）招标文件获取的时间：发售时间不少于 5 个工作日。

2）招标文件获取的方式、地点：一般要求持授权委托书到指定地点购买；采用电子招标投标的，可以直接从互联网下载。

（5）公告发布媒介

按有关规定列出发布媒介的名称。

（6）联系方式

阐明招标人或招标代理机构的联系方式、地址等信息，以便潜在投标人能够及时与招标人联系。

二、资格预审公告

资格预审公告是指招标人通过媒介发布公告，表示招标项目采用资格预审的方式公开选择条件合格的潜在投标人，使感兴趣的潜在投标人了解招标项目的情况及资格条件，前来购买资格预审文件，参加资格预审和投标竞争。资格预审公告的内容包括：

1）招标项目的条件。包括项目审批、核准或备案机关的名称，资金来源，项目出资比例，招标人的名称等。

2）项目概况与招标范围。包括本次招标项目的建设地点、规模、计划工期、招标范围、标段划分等。

3）对申请人的资格要求。包括资质等级与业绩，是否接受联合体申请、申请标段数量。

4）资格预审方法，说明是采用合格制还是有限数量制。

5）资格预审文件的获取时间、地点和售价。

6）资格预审申请文件的提交地点和截止时间。

7）按有关规定列出发布媒介的名称。

8）联系方式等。

三、招标公告、资格预审公告的发布媒介

《招标公告和公示信息发布管理办法》对招标公告、资格预审公告的发布媒介有以下规定：

第八条　依法必须招标项目的招标公告和公示信息应当在"中国招标投标公共服务平台"或者项目所在地省级电子招标投标公共服务平台（以下统一简称"发布媒介"）发布。

第九条　省级电子招标投标公共服务平台应当与"中国招标投标公共服务平台"对接，按规定同步交互招标公告和公示信息。对依法必须招标项目的招标公告和公示信息，发布媒介应当与相应的公共资源交易平台实现信息共享。

"中国招标投标公共服务平台"应当汇总公开全国招标公告和公示信息，以及本办法第八条规定的发布媒介名称、网址、办公场所、联系方式等基本信息，及时维护更新，与全国公共资源交易平台共享，并归集至全国信用信息共享平台，按规定通过"信用中国"网站向社会公开。

招标公告（未进行资格预审）

_____（项目名称）_____标段施工招标公告

1. 招标条件

本招标项目_____（项目名称）已由_____（项目审批、核准或备案机关名称）以_____（批文名称及编号）批准建设，项目业主为_____，建设资金来自_____（资金来源），项目出资比例为_____，招标人为_____。项目已具备招标条件，现对该项目的施工进行公开招标。

2. 项目概况与招标范围

说明本次招标项目建设的地点、规模、计划工期、招标范围、标段划分等。

3. 投标人资格要求

3.1　本次招标要求投标人须具备资质_____，业绩_____，并在人员、设备、资金等方面具有相应的施工能力。

3.2　本次招标_____（接受或不接受）联合体投标。联合体投标的，应满足下列要求：_____。

3.3　各投标人均可就上述标段中的_____（具体数量）个标段投标。

4. 招标文件的获取

4.1　凡有意参加投标者，请于_____年_____月_____日至_____年_____月_____日（法定公休日、法定节假日除外），每日上午_____时至_____时，下午_____时至_____时（北京时间，下同），在_____（详细地址）持单位介绍信购买招标文件。

4.2　招标文件每套售价_____元，售后不退。图纸押金_____元，在退还图纸时退还（不计利息）。

4.3　邮购招标文件的，需另加手续费（含邮费）_____元。招标人在收到单位介绍信和邮购款（含手续费）后_____日内寄送。

5. 投标文件的递交

5.1　投标文件递交的截止时间（投标截止时间，下同）为_____年_____月_____日

_____时_____分，地点为_____。

5.2　逾期送达的或者未送达指定地点的投标文件，招标人不予受理。

6. 发布公告的媒介

本次招标公告同时在_____（发布公告的媒介名称）上发布。

7. 联系方式

招 标 人：	招标代理机构：
地　　　址：	地　　　址：
邮　　　编：	邮　　　编：
联 系 人：	联 系 人：
电　　　话：	电　　　话：
传　　　真：	传　　　真：
电子邮件：	电 子 邮 件：
网　　　址：	网　　　址：
开户银行：	开 户 银 行：
账　　　号：	账　　　号：

年　月　日

2.3　资格审查

应用案例

　　某市机房设备项目招标，采用资格预审方式，要求潜在投标人递交的资料包括授权委托书、资质证书、相关技术人员的资格证书和近两年来完成过的 2 个以上相关项目的业绩证明材料。资格预审采用公开报名形式，如潜在投标人超过 7 人，则随机抽取 5 人参加资格预审。在报名截止时间前共有 7 家供应商递交了资格预审申请文件，经预审共有 5 家供应商具有相应资格。招标代理机构向这 5 家供应商发出了投标邀请函，之后如期进行了开标、评标工作，最后招标代理机构向 B 公司发出预中标公告，B 公司成为此次采购的预中标供应商。参加此次投标的 C 公司对此提出了质疑，认为 B 公司在此之前只完成过 1 个相关项目，不具备相应的投标资格。招标代理机构的答复是，本次通过资格预审的供应商实际上只有 4 家，为增加竞争的充分性，允许第 5 家参与投标。B 公司虽只做过 1 个相关项目，但经过调查，客户反映良好，评审专家对其方案也一致认可。根据评标委员会的综合评定，B 公司的综合得分最高。因此，B 公司理应成为此次采购的预中标供应商。

【引导问题】

1. 招标代理机构进行的资格预审是否合理？
2. B 公司能否成为预中标供应商？

知识导入

资格预审应当按照资格预审文件载明的标准和方法进行。国有资金控股或者占主导地位的依法必须进行招标的项目，招标人应当组建资格审查委员会审查资格预审申请文件。资格审查委员会及其成员应当遵守《中华人民共和国招标投标法》有关评标委员会及其成员的规定。

一、资格审查的分类

资格审查分为资格预审和资格后审。

1. 资格预审

资格预审是指招标人通过发布招标资格预审公告，向不特定的潜在投标人发出投标邀请，并组织资格审查委员会按照招标资格预审公告和资格预审文件规定的资格预审条件、标准和方法，对投标申请人的经营资格、专业资质、财务状况、类似项目业绩、履约信誉、企业认证体系等条件进行评审，确定合格的潜在投标人。资格预审的办法包括合格制和有限数量制，一般情况下应采用合格制；潜在投标人过多的，可采用有限数量制。

资格预审可以减少评标阶段的工作量，缩短评标时间，减少评审费用，避免不合格投标人浪费不必要的投标费用；但因设置了招标资格预审环节，延长了招标投标的过程，增加了招标投标双方资格预审的费用。资格预审比较适合于技术难度较大或投标文件编制费用较高，且潜在投标人数量较多的招标项目。

资格预审是指在投标前对潜在投标人进行的资格审查。目的是审查投标人的企业总体能力是否适合招标工程的需要。只有在公开招标时才设置此程序。

2. 资格后审

资格后审是指在开标后的初步评审阶段，评标委员会根据招标文件规定的投标资格条件对投标人的资格进行评审，评审合格的投标文件进入详细评审阶段。

按照《工程建设项目施工招标投标办法》第十八条"采取资格后审的，招标人应当在招标文件中载明对投标人资格要求的条件、标准和方法"和《工程建设项目货物招标投标办法》第十六条"资格后审一般在评标过程中的初步评审开始时进行"的规定，资格后审是作为招标评标的一个重要内容在组织评标时由评标委员会负责的，审查的内容与资格预审的内容应一致。评标委员会按照招标文件规定的评审标准和方法进行评审，在评标报告中应包括对投标人进行资格审查的内容。对资格后审不合格的投标人，评标委员会应当对其投标进行作废处理，不再进行详细评审。

资格后审可以避免招标与投标双方因资格预审产生的工作量和费用，缩短招标投标过程，有利于增强投标的竞争性；但潜在投标人过多会增加社会成本和评标工作量。资格后审比较适合于潜在投标人数量不多的招标项目。

资格预审与资格后审的区别见表 2-3。

表 2-3　资格预审与资格后审的区别

项目	资格预审	资格后审
定义	在招标文件发售前，招标人通过发售资格预审文件，组织资格审查委员会对潜在投标人提交的资格预审申请文件进行审查，进而决定投标人名单	开标后，评标委员会在初步审查程序中，对投标文件中投标人提交的资格审查申请文件进行的审查
适用条件	潜在投标人过多，技术难度较大或投标文件编制费用较高，易造成招标人的成本支出和投标人的投标花费较大，与项目的价值相比不值得时	潜在投标人不多时
审查办法	（1）合格制，即符合资格审查标准的申请人均通过资格审查 （2）有限数量制，即审查委员会对通过资格审查标准的申请文件按照公布的量化标准进行打分，然后按照资格预审文件确定的数量和申请文件得分，按由高到低的顺序确定通过资格审查的申请人名单 一般情况下应采用合格制，潜在投标人过多时，可采用有限数量制	一般采用合格制审查方法确定通过资格审查的投标人名单
利	减少评标阶段的工作量、缩短评标时间、减少评审费用、避免不合格投标人浪费不必要的投标费用	可以避免招标与投标双方因资格预审产生的工作量和费用，缩短招标投标过程，有利于增强投标的竞争性
弊	因设置了招标资格预审环节，延长了招标投标的过程，增加了招标投标双方资格预审的费用	在潜在投标人过多时会增加社会成本和评标工作量

二、资格审查的主要内容及有关规定

资格审查应主要审查潜在投标人或者投标人是否符合下列条件：

1）具有独立订立合同的权利。

2）具有履行合同的能力，包括专业资格、技术资格和对应能力，资金、设备和其他设施状况，管理能力，经验、信誉和相应的从业人员。

3）没有处于被责令停业，投标资格被取消，财产被接管、冻结，破产等状态。

4）在最近 3 年内没有骗取中标和严重违约及重大工程质量问题。

5）法律、行政法规规定的其他资格条件。

具体审查指标可参考《标准施工招标资格预审文件》（2007 年版），有一项因素不符合审查标准的，不能通过资格预审。

三、资格审查的方法与程序

1. 资格审查的方法

资格审查一般有合格制和有限数量制两种审查方法。

1）合格制是指不限定资格审查合格者的数量，凡通过各项资格审查考核因素和标准者均可参加投标。

2）有限数量制是指预先限定通过资格预审的人数，依据资格审查标准和程序，将审查的各项指标量化，最后按得分由高到低的顺序确定通过资格预审的申请人。通过资格预审的申请人不得超过限定的数量。

2. 资格审查的程序

1）初步审查。初步审查是符合性审查，审查有无投标保证金、有无法人代表授权等。

2）详细审查。通过初步审查后，即可进入详细审查阶段，审查的重点在于投标人的财务能力、技术能力和施工经验等。

3）资格预审申请文件的澄清。申请人的澄清或说明应采用书面形式，并不得改变资格预审申请文件的实质性内容。招标人和审查委员会不接受申请人主动提出的澄清或说明。

4）提交审查报告。按照规定的程序对资格预审申请文件审查完成后，确定通过审查的申请人名单，并向招标人提交书面审查报告。

通过资格预审的申请人数量不足 3 个的，招标人应重新组织资格预审或不再组织资格预审而直接招标。资格预审审查报告一般包括工程项目概述、资格预审工作简介、评审结果审查表等内容。

5）发出资格预审结果通知书。资格预审结束后，招标人应当及时向资格预审申请人发出资格预审结果通知书，未通过资格预审的申请人不具有投标资格。

四、资格审查文件的编制

1. 资格审查文件编制的目的

可以较全面地了解投标申请人各方面的情况，以节省评标时间。资格预审文件的编制水平直接影响着后期招标工作的质量。

2. 资格审查文件的内容

下面以常见的《标准施工招标资格预审文件》（2007 年版）为例说明资格审查文件的内容。《标准施工招标资格预审文件》（2007 年版）包括资格预审公告、申请人须知、资格审查办法、资格预审申请文件格式和项目建设概况。

1）资格预审公告。包括招标条件、项目概况与招标范围、申请人资格要求、资格预审方法、资格预审文件的获取、资格预审申请文件的递交、发布公告的媒介和联系方式等内容。

2）申请人须知。包括申请人须知前附表、总则、资格预审文件、资格预审申请文件的编制等内容。

3）资格审查办法。包括资格审查办法前附表、审查方法等内容。

4）资格预审申请文件格式。包括资格预审申请函、法定代表人身份证明等内容。

5）项目建设概况。

2.4　编制施工招标文件

应用案例

　　工程项目概况：某住宅小区二期工程组织施工招标（招标文件编号：JLHY20-003），该工程总建筑面积为 80000m^2，建筑结构为框架 - 剪力墙结构，工程总投资为 1.5 亿元，资金来源为自筹。其中，第一标段为 1 号住宅楼（19 层），建筑面积为 25000m^2；第二标段为 2 ～ 6 号住宅楼（11 层），1 号、2 号综合楼（1 号综合楼 11 层，2 号综合楼 8 层），建筑面积为 55000m^2。每个标段施工内容包括设计要求的全部施工内容，工程质量等级要求为合格，工期要求为 365 个日历天。对投标单位的资质要求为具有独立法人资格并具有建设行政主管部门颁发的房屋建筑施工二级以上资质。其他内容可由辅导教师根据情况自行设定。

　　【引导问题】

　　依据应用案例的工程项目概况，施工招标文件应包括哪些内容？

知识导入

一、《标准施工招标文件》（2007 年版）的实施原则和特点

　　《标准施工招标文件》（2007 年版）的编制，是进一步规范招标投标活动的重要措施。它定位于通用性，着力解决各行业施工招标文件编制中带有普遍性和共同性的问题，规范了招标投标活动当事人的权利、义务，标志着政府对招标投标活动的管理已经从单纯依靠法律制度深化到结合运用技术操作规程进行科学管理。

二、《标准施工招标文件》（2007 年版）适用的范围

　　《标准施工招标文件》（2007 年版）适用于一定规模以上，且设计和施工不是由同一承包商承担的工程的施工招标。

三、《标准施工招标文件》（2007 年版）的内容

　　《标准施工招标文件》（2007 年版）具体包括招标公告（投标邀请书）、投标人须知、评标办法、合同条款及格式、工程量清单、图纸、技术标准和要求、投标文件格式等内容。

四、招标文件的编制

1. 封面及目录

　　封面应包含项目名称、招标人（或采购单位）名称、招标编号、招标文件发售日期、投标截止时间、联系人及联系方式等基本信息。目录应列出招标文件各部分的标题及对应页码，便于阅读者快速查找。

2. 招标公告（投标邀请书）

项目概况部分要简要介绍项目的背景、工期、目标、资金来源及预算等。招标范围要明确列出招标的具体内容、数量、技术规格或服务要求。合格投标人条件应包括资质要求、业绩要求、财务状况、以往项目经验等。招标文件获取方式要说明如何购买或下载招标文件，以及费用（如有）及支付方式。投标截止时间与地点要明确投标文件提交的截止时间和地点。开标时间与地点要列明开标的具体安排，并且要详细阐述招标人或招标代理机构的联系方式，以便投标人能顺利联系到招标方。

3. 投标人须知

投标人须知主要是告知投标人与投标相关的注意事项，招标文件中的这一部分内容不准改动，针对某一个采购项目如需改动，可在"招标数据表"中改动。投标人须知的内容应明确、具体。投标人须知在投标时很重要，但在签订合同时不属于合同的一部分。投标人须知主要由投标人须知前附表和正文构成。

（1）投标人须知前附表

投标人须知前附表是将投标人须知中的关键内容和数据摘要列表表示，起到强调和提醒作用，为投标人迅速掌握投标人须知的内容提供方便，但必须与招标文件相关内容衔接一致。

对投标人须知正文中交由投标人须知前附表明确的内容应给予具体约定，当投标人须知正文内容与投标人须知前附表规定的内容不一致时，以投标人须知前附表的规定为准。

（2）正文

正文包括总则、招标文件、投标文件等内容。总则部分主要介绍招标的目的、原则，适用的法律及规则。招标文件部分应规定投标人对招标文件有疑问时的提问方式及招标人发布补充说明或更正的流程。投标文件部分要详细说明投标文件的组成、格式要求、密封及标记方式。开标、评标部分要明确阐述开标流程、评标委员会的组建、评标标准和方法、中标通知流程。合同授予部分要说明合同类型、签订条件、履约保证金等。

4. 评标办法

应根据招标项目评审内容分别制定对应的评审因素和标准，主要采用两种评标办法进行评审和比较投标文件：经评审的最低投标价法，该方法是按照经评审的投标价由低到高的顺序推荐中标候选人；综合评估法，该方法是按照得分由高到低的顺序推荐中标候选人。

5. 工程量清单

工程量清单依据《建设工程工程量清单计价规范》（GB 50500—2013）进行编制。

"工程量清单"是建设工程实行清单计价的专用名词，它表示的是实行工程量清单计价的建设工程的分部分项工程项目、措施项目、其他项目、规费项目和税金项目的名称与相应数量。

（1）工程量清单编制的一般规定

1）工程量清单由具有编制能力的招标人或受其委托的具有相应资质的工程造价咨询单位编制。

2）采用工程量清单方式招标的，工程量清单必须作为招标文件的组成部分，其准确性和完整性由招标人负责。

3）工程量清单是工程量清单计价的基础，应作为编制招标控制价、编制投标报价、计算工程量、支付工程款、调整合同价款、办理竣工结算以及工程索赔等的依据。

（2）编制工程量清单的依据

1）《建设工程工程量清单计价规范》（GB 50500—2013）。

2）国家或省级、行业建设主管部门颁发的计价依据和计价办法。

3）建设工程设计文件。

4）与建设工程项目有关的标准、规范、技术资料。

5）拟订的招标文件及其补充通知、答疑纪要。

6）施工现场情况、工程特点及常规施工方案。

7）其他相关资料。

（3）工程量清单说明

1）工程量清单应与招标文件中的投标人须知、通用合同条款、专用合同条款、技术标准和要求及图纸等内容一起阅读和理解。

2）招标文件中的工程量清单仅是投标报价的共同基础，竣工结算的工程量应按合同约定确定。合同价格的确定以及价款支付应遵循合同条款、技术标准和要求，以及工程量清单的有关约定。

6. 合同条款及格式

施工合同文件是施工招标文件的重要组成部分，由通用合同条款、专用合同条款和合同附件构成。招标人和招标代理机构要根据招标项目的具体情况，采用标准合同条款作为招标项目的通用合同条款和专用合同条款，并以此作为投标人投标报价的商务条件。在合同实施阶段，它是合同双方的行为准则，据此履行各自的义务和责任，监理人员据此对合同进行管理以及签发项目价款；承包人据此承建工程项目，保证发包人在资金受控的情况下按期获得合格的工程，使承包人获得合理的报酬。

1）通用合同条款。通用合同条款根据国家有关法律法规和部门规章，并按合同管理的操作要求进行约定和设置，主要阐述合同双方的权利、义务、责任和风险，以及监理人遇到合同问题时处理的原则。通用合同条款一般采用标准合同文本，如《建设工程施工合同（示范文本）》（GF—2017—0201）。

2）专用合同条款。专用合同条款和通用合同条款是整个施工合同中最重要的合同文件，约定了合同双方在履行合同全过程中的工作规则，其中通用合同条款是要求各建设行业共同遵守的通用规则；专用合同条款可由各行业根据特殊情况自行约定行业规则。但各行业自行约定的行业规则不能违背通用合同条款已约定的通用规则。专用合同条款是指结合工程所在国、所在地，以及工程本身的特点和实际需要，对通用合同条款进行的补充、细化或修改，一般包括合同文件、双方的一般责任、施工组织设计和工期、质量与验收、合同价款与支付、材料和设备供应、设计变更、竣工结算、争议、违约和索赔等内容，内容不得违反法律、行政法规的强制性规定及平等、自愿、公平和诚实信用原则。

3）合同附件。合同附件主要包括合同协议书、履约担保和预付款担保。

7. 技术标准和要求

招标文件的技术标准和要求由招标人根据行业标准施工招标文件（如有）、招标项目具体特点和实际需要编制。技术标准和要求中的各项技术标准应符合国家强制性标准，不得要求或标明某一特定的专利、商标、名称、设计、原产地或生产供应者，不得含有倾向或者排斥潜在投标人的其他内容。如果必须引用某一生产供应者的技术标准才能准确或清楚地说明拟招标项目的技术标准时，应当在参照后面加上"或相当于"字样。

8. 图纸

图纸是招标人编制工程量清单和投标人编制投标报价及施工组织设计的依据。在招标文件中，除了要附上图纸外，还要列明图纸目录。

建筑工程施工图纸一般包括：图纸目录、设计总说明、建筑施工图、结构施工图、给水排水施工图、电气施工图、采暖通风施工图等。

9. 投标文件格式

投标文件格式包括商务标部分格式及技术标部分格式，主要为投标人编制投标文件提供固定的格式和编排顺序，以规范投标文件的编制，同时便于评标委员会评标。

五、编制施工招标文件应注意的事项

1. 招标文件应体现工程建设项目的特点和要求

招标文件涉及的专业内容比较广泛，具有明显的多样性和差异性，编写一套适用于具体工程建设项目的招标文件，需要较强的专业知识和一定的实践经验，还要准确把握项目专业特点。编制招标文件时必须认真阅读研究有关设计与技术文件，了解招标项目的特点和需求，包括项目的概况、性质、审批或核准情况，标段划分计划，资格审查方式，评标方法，承包模式，合同计价类型，进度时间节点要求等，并将这些内容充分反映在招标文件中。招标文件应该内容完整、格式规范，结合招标项目特点和需求，参考以往同类项目的招标文件进行调整、完善。

2. 招标文件必须明确投标人实质性响应的内容

投标人必须完全按照招标文件的要求编制投标文件，如果投标人没有对招标文件的实质性要求和条件做出响应，或者响应不完全，就有可能导致投标人投标失败。所以，招标文件需要列明投标人做出实质性响应的所有内容，并且招标范围要求、技术标准和要求等应具体、清晰、无争议，避免使用原则性的、模糊的或者容易引起歧义的词句。

3. 防范招标文件中的违法、歧视性条款

编制招标文件必须熟悉和遵守招标投标的法律法规，并及时掌握最新的规定和有关技术标准，坚持公开、公平、公正原则，遵纪守法。严格防范招标文件中出现违法、歧视性条款，不得排斥或保护潜在投标人，要公平合理地划分招标人和投标人的风险责任。只有招标文件做到客观与公正，才能保证整个招（投）标活动的客观与公正。

4. 保证文件格式、合同条款规范一致

编制招标文件应保证文件格式、合同条款规范一致，进而保证招标文件逻辑清晰、表达准确，避免产生歧义和争议。招标文件合同条款如采用通用合同条款和专用合同条款形式，正确的合同条款编写方式为：通用合同条款部分应全文引用，不得删改；专用合同条款部分应按其

条款编号和内容，根据工程实际情况进行修改和补充。

5. 招标文件的语言文字要规范、简练

编制、审核招标文件应一丝不苟、认真细致。招标文件的语言文字要规范、严谨、准确、精练、通顺，要认真推敲，避免使用含义模糊或容易产生歧义的词语。

招标文件的商务部分与技术部分一般由不同人员编写，应注意两者之间及各专业之间的相互结合与一致性，应交叉校核，检查各部分是否有不协调、重复和矛盾的内容，确保招标文件的质量。

2.5　现场踏勘及答疑

应用案例

某住宅工程施工招标项目，共有 20 家施工企业购买了招标文件。在规定的时间内，招标人需要组织现场踏勘及投标预备会。

【引导问题】

1. 为什么要组织现场踏勘和投标预备会？

2. 招标人在组织现场踏勘及投标预备会前，需要进行哪些准备工作？现场踏勘与投标预备会的组织程序是怎样的？

3. 现场踏勘与投标预备会结束后，招标人应及时完成哪些工作？

知识导入

踏勘项目现场的目的，是为了使潜在投标人进一步了解现场的施工条件，以便其有针对性地进行投标。

《中华人民共和国招标投标法》第二十一条规定，招标人根据招标项目的具体情况，可以组织潜在投标人踏勘项目现场。

《工程建设项目施工招标投标办法》第三十二条规定，招标人根据招标项目的具体情况，可以组织潜在投标人踏勘项目现场，向其介绍工程场地和相关环境的有关情况；第三十三条又规定，对于潜在投标人在阅读招标文件和现场踏勘中提出的疑问，招标人可以书面形式或召开投标预备会的方式解答，但需同时将解答以书面方式通知所有购买招标文件的潜在投标人。

这些规定，一方面为招标人组织潜在投标人踏勘项目现场或召开投标预备会提供了依据，另一方面也对现场踏勘和投标预备会的内容、方式等进行了规定。

一、组织现场踏勘

现场踏勘是指招标人组织潜在投标人对工程现场的场地和周围环境等客观条件进行的现场勘察。招标人根据招标项目的具体情况，可以组织潜在投标人踏勘项目现场，但招标人不得单独或者分别组织任何一个潜在投标人进行现场踏勘。潜在投标人到现场勘察可进一步了解招标

人的意图和现场周围的环境情况，以获取有用的投标信息。招标人应主动向潜在投标人介绍施工现场的有关情况。

潜在投标人依据招标人介绍的情况做出的判断和决策，由潜在投标人自行负责。潜在投标人在现场踏勘中如有疑问，应在招标人答疑前以书面形式向招标人提出，以便及时得到招标人的解答。潜在投标人现场踏勘发现的问题，招标人可以书面形式答复，也可在投标预备会上解答。

二、答疑

对于潜在投标人在阅读招标文件和现场踏勘过程中提出的疑问，招标人可以书面形式或召开投标预备会或答疑会的方式解答，但需同时将解答以书面方式通知所有购买招标文件的潜在投标人。

投标预备会或答疑会由招标人组织并主持召开，目的在于解答潜在投标人对招标文件和在现场踏勘中提出的问题，包括书面的和在投标预备会上口头提出的问题。投标预备会结束后，由招标人整理会议记录和解答内容（包括在投标预备会中口头提出的问题和解答），以书面方式将所有问题及解答内容向所有获得招标文件的潜在投标人发放。上述问题及解答内容需同时向建设行政监督部门备案，并作为招标文件的组成部分。为便于投标人在编制投标文件时，将招标人对问题的解答内容和对招标文件的澄清或修改编写进去，招标人可根据情况酌情延长投标截止时间。根据需要，答疑也可以采取书面形式进行。

三、组织现场踏勘和投标预备会的工作程序

1. 组织现场踏勘的工作程序

1）在招标文件约定的地点召集潜在投标人。
2）组织潜在投标人前往项目现场。
3）依据确定的行走路线，介绍现场的各种施工条件及边界条件。
4）潜在投标人踏勘项目现场。
5）踏勘结束。

2. 组织投标预备会的工作程序

1）参会人员签到。
2）介绍参加会议的人员。
3）澄清潜在投标人在规定时间内提出的商务、报价等方面的问题。
4）澄清潜在投标人在规定时间内提出的图纸及有关技术要求等方面的问题。
5）宣布注意事项，投标预备会结束。

3. 现场踏勘与投标预备会结束后招标人应做的事情

1）及时整理对招标文件的澄清与修改，必要时对一些有争议的或是没有完整回答的问题与有关业务人员协商，给出完整的回答。
2）在投标截止时间15日前以书面方式将对招标文件的澄清与修改发给所有购买招标文件的潜在投标人。

3）注意在发放对招标文件的澄清与修改时，需留下必要的记载，以证明澄清与修改发给了潜在投标人，并要求其书面确认。

课 / 后 / 练 / 习

一、单选题

1．我国工程招（投）标活动实行的是（　　）招（投）标制度，并规定了强制招标的项目范围和规模。

A．自愿　　　　　　B．强制　　　　　　C．自由　　　　　　D．随意

2．关于大型基础设施、公用事业等关系社会公共利益、公共安全的项目，下列说法正确的是（　　）。

A．私人投资不用招标　　　　　　B．私人投资必须进行招标

C．基本上以私人投资为主　　　　D．国家投资不用招标

3．经审查后，招标人与中标人应当自中标通知书发出之日起（　　）天内，按照招标文件和中标人的投标文件正式签订书面合同。

A．15　　　　　　B．20　　　　　　C．25　　　　　　D．30

4．招标人应当合理确定投标人编制投标文件所需要的时间，自招标文件开始发出之日起到投标截止日期止，最短不得少于（　　）天。

A．30　　　　　　B．20　　　　　　C．25　　　　　　D．45

5．相对于公开招标，下列不属于邀请招标的特点的是（　　）。

A．不利于充分竞争的开展　　　　B．投标人数量较少且为特定

C．使用时受到国家限制性规定　　D．有利于充分竞争的开展

6．招标人确实需要进行必要的澄清、修改或补充的，应在投标截止日期（　　）天前，书面通知所有购买招标文件的投标人，以便于修改投标书。

A．10　　　　　　B．15　　　　　　C．18　　　　　　D．20

7．编制招标文件时，以下做法不当的是（　　）。

A．用醒目的方式标明招标文件的实质性要求和条件

B．明确地阐明评标的标准和方法

C．在招标文件的各项技术标准中标明某一特定的专利、商标、名称、设计、原产地或生产供应者

D．各项条款做到前后一致

8．勘察、设计、监理等服务的采购，单项合同估算价在（　　）万元人民币以上的必须进行招标。

A．50　　　　　　B．100　　　　　　C．200　　　　　　D．400

9．甲、乙两个工程承包单位组成施工联合体投标，参与竞标某房地产开发商的施工工程，下列说法错误的是（　　）。

A．甲、乙两个单位以一个投标身份参与投标

B．如果中标，甲、乙两个单位应就中标项目向该房地产开发商承担连带责任

C．如果中标，甲、乙两个单位应就各自承担的部分与该房地产开发商签订合同

D．如在履行合同中乙单位破产，则甲单位应当承担原由乙单位承担的工程任务

10．下列关于建设工程招（投）标的说法，正确的是（   ）。

A．在投标有效期内，投标人可以补充、修改或者撤回其投标文件

B．投标人在招标文件要求提交投标文件的截止时间前，可以补充、修改或者撤回投标文件

C．投标人可以挂靠或借用其他企业的资质证书参加投标

D．投标人之间可以先进行内部竞价，内定中标人，然后再参加投标

11．招标人对已发出的招标文件进行必要的澄清或者修改的，应当在招标文件要求提交投标文件截止时间至少（   ）前，以书面形式通知所有招标文件收受人。

A．20 天   B．10 天   C．15 天   D．7 天

12．甲、乙工程承包单位组成施工联合体参与某项目的投标，中标后联合体接到中标通知书，但未与招标人签订合同，联合体投标时提交了 5 万元投标保证金。此时，两家单位认为该项目盈利太少，于是放弃该项目。对此，《中华人民共和国招标投标法》的相关规定是（   ）。

A．5 万元投标保证金不予退还

B．5 万元投标保证金退还一半

C．若未给招标人造成损失，投标保证金可全部退还

D．若未给招标人造成损失，投标保证金退还一半

13．《中华人民共和国招标投标法》规定，依法必须招标的项目自招标文件开始发出之日起至投标人提交投标文件截止之日止，最短不得少于（   ）。

A．20 天   B．30 天   C．10 天   D．15 天

14．甲、乙两个工程承包单位组成施工联合体投标，甲单位为施工总承包一级资质，乙单位为二级资质，则该施工联合体应按（   ）资质确定等级。

A．一级   B．二级   C．三级   D．特级

15．下列不属于招标文件内容的是（   ）。

A．投标邀请书   B．设计图纸   C．合同主要条款   D．财务报表

16．招标文件发售后，招标人要在招标文件规定的时间内组织投标人踏勘现场，了解工程现场和周围环境情况，并对潜在投标人针对（   ）及现场提出的问题进行答疑。

A．设计图纸   B．招标文件   C．地质勘察报告   D．合同条款

17．招标人收到投标文件后，应当（   ），不得开启。在招标文件要求提交投标文件的截止时间后送达的投标文件，招标人应当拒收。

A．登记备案   B．签收送审   C．集中上报   D．签收保存

18．资格预审应首先（   ）。

A．分析资格预审资料   B．发出资格预审合格通知书

C．发布资格预审通告   D．发售资格预审文件

19．下列选项中，可以不进行施工招标的是（   ）。

A．地震灾区恢复重建项目

B．施工企业自行投资开发的商品房项目，该施工企业资质等级符合工程要求

C．某特级施工企业承建的大型商场竣工验收后追加的入口围栏

D．涉及国家秘密不适合公开招标的项目

20．工程量清单是招标单位按国家颁布的统一工程项目划分、统一计量单位和统一工程量计算规则，根据施工图纸计算工程量，提供给投标单位作为投标报价的基础。结付工程款时以（　　　）为依据。

A．工程量清单　　　　　　　　　B．实际工程量

C．承包方报送的工程量　　　　　D．合同中的工程量

21．我国施工招标文件的编写应遵循的规定是（　　　）。

A．明确投标有效期不超过 18 天

B．明确评标原则和评标方法

C．招标文件的修改，可用各种形式通知所有招标文件接收人

D．明确评标委员会成员名单

22．不属于施工投标文件内容的是（　　　）。

A．投标函　　　　　　　　　　　B．投标报价

C．拟签订合同的主要条款　　　　D．施工方案

23．根据相关规定，对招标文件或者资格预审文件的收费应当合理，不得以营利为目的。对于所附的设计文件，招标人可以向投标人收取（　　　）。

A．押金　　　　B．成本费　　　　C．手续费　　　　D．租金

二、多选题

1．在施工招标过程中，进行合同数量的划分时应考虑的主要因素有（　　　）。

A．施工内容的专业要求　　　　　B．施工现场条件

C．投标人的财务能力　　　　　　D．对工程总投资的影响

E．投标人的所在地

2．某市地税局办公楼扩建工程项目招标，有十多家单位参与竞标，根据《中华人民共和国招标投标法》对联合体投标的规定，下列说法正确的有（　　　）。

A．A 单位资质不够，可以与别的单位组成联合体参与竞标

B．B、C 两单位组成联合体投标，他们应当签订共同投标协议

C．D、E 两单位组成联合体投标，他们应当签订共同投标协议

D．F、G 两单位构成联合体，他们各自对招标人承担责任

E．H、I 两单位构成联合体，两家单位对投标人承担连带责任

3．依照相关规定，（　　　）建设项目经项目主管部门批准，可以不进行招标。

A．与科技、教育、文化相关的　　B．涉及生态环境保护的

C．建筑艺术造型有特殊要求的　　D．勘察、设计采用特定专利的

E．勘察、设计采用专有技术的

4．招标文件应当包括（　　　）等所有实质性要求和条件，以及拟签订合同的主要条款。

A．招标工程的报批文件　　　　　B．招标项目的技术要求

C．对投标人资格审查的标准　　　D．投标报价要求

E．评标标准

5．某国有资金投资的民用建筑工程项目拟进行施工招标，该项招标应当具备的条件有（　　　）。

A．资金或资金来源已经落实

B．按照国家有关规定需要履行项目审批手续的，已经履行审批手续

C．建筑施工许可证已经取得

D．有满足施工招标需要的设计文件及其他技术资料

E．施工组织设计已经完成

6．招标人甲欲完成一项招标工作，根据《中华人民共和国招标投标法》的规定，以下（　　　）活动是必需的。

A．招标人甲发布招标公告或寄送投标邀请书

B．招标人甲编制相应的招标文件

C．招标人甲组织潜在投标人踏勘项目现场

D．招标人甲要求投标人提供有关资质证明文件和业绩情况，并对投标人进行资格审查

E．计算出标底并报招标主管部门审定

7．建筑企业资质分为（　　　）3 个序列，每个序列各有其相应的等级。

A．施工总承包　　　B．专业承包　　　C．劳务分包　　　D．施工承包

E．分包

8．招标文件内容中既说明招标投标的程序要求，将来又构成合同文件的有（　　　）。

A．合同条款　　　B．投标人须知　　　C．设计图纸　　　D．技术标准与要求

E．工程量清单

9．关于工程招标的投标预备会，下列说法中正确的有（　　　）。

A．投标预备会是招标不可缺少的程序之一

B．招标人可以在投标预备会上澄清、解答潜在投标人提出的疑问

C．招标人在投标预备会上不能主动对招标文件中的内容做出说明

D．投标预备会一般在现场踏勘后召开

E．招标文件应明确是否召开投标预备会

10．招标人出现（　　　）行为的，责令改正，可以处 1 万元以上、5 万元以下的罚款。

A．对潜在投标人实行歧视待遇

B．强制要求投标人组成联合体投标

C．招标人以不合理的条件限制或者排斥潜在投标人

D．不具备招标条件

E．限制投标人之间竞争

三、案例题

1．某市某区腾龙工业园区内明志一路、二路，由该省发展和改革委员会批准建设，批准编号为"发改投标字 [2023] 第 ××× 号"，其中政府投资 24%，企业筹资 76%，采用公开招标方式。两条公路各为一个标段，统一组织施工招标，投标人仅能就上述两个标段中的一个标段投标。招标文件计划于 2023 年 7 月 8 日起开始发售，售价为 200 元／套，押金为 2000 元／套。2023 年 7 月 30 日投标截止，投标文件递交地点为 ×× 省 ×× 市 ×× 区 ×× 路腾龙工业园区管委会

第一会议室。

工程位于 ×× 区，其中明志一路长 998m、宽 40m，计划投资 11270000 元人民币；明志二路长 630m、宽 30m，计划投资 5650000 元人民币。

计划开工日期为 2023 年 9 月 15 日，计划竣工日期为 2024 年 4 月 15 日。质量要求：达到国家质量检验与评定标准合格等级。对投标人的资格要求是市政工程施工总承包二级及以上资质，不接受联合体投标。

招标公告拟在《中国建设报》、中国采购与招标网和市公共资源交易中心等媒介发布。

问题：

（1）依法必须进行招标的工程施工项目，其招标条件是什么？

（2）建筑企业应具备的条件有哪些？

2．某公立学校经上级主管部门批准拟新建建筑面积为 3000m² 的综合办公楼，经工程咨询部门估算该工程造价为 3450 万元，该工程项目决定采用施工总承包的招标方式招标，并采用合格制的方式进行资格预审。在招标过程中，发生如下事件：

事件 1：由于资格预审合格的投标申请人过多，在资格预审过程中，又增加了对各投标申请人注册资金的限制，最终确定 8 家合格的申请人，并向其发出资格预审合格通知书。

事件 2：招标文件中明确说明该项目的资金来源落实了 2070 万元。

事件 3：招标文件中规定，投标单位在收到招标文件后，若有问题需要澄清，只能以书面形式提出，招标单位将澄清回复以书面形式送给提出问题的投标单位。

事件 4：招标文件中规定，从招标文件发放之日起，在 15 日内递交投标文件。

事件 5：发售招标文件的价格为编制和印刷招标文件的成本和发布招标公告的费用。

问题：

（1）该工程招标是否可以采用邀请招标方式？请说明理由。

（2）事件 1 中，招标人的做法是否正确？为什么？

（3）事件 2 中，项目资金落实了估算价的 60%，是否可以进行招标？为什么？

（4）事件 3 中，该招标文件的规定是否正确？如不正确，请改正。

（5）事件 4 的规定是否妥当？请说明理由。

（6）事件 5 中，发售招标文件的价格是否合理？为什么？

3．某国有企业投资 3500 万元人民币，拟兴建一座新办公楼，建筑面积为 9000m²，地下一层，地上六层。工程基础垫层标高 -4.25m，檐口底标高 21.28m，为全现浇结构。工期为 365 个日历天。拟采用公开招标的方式确定工程施工承包人。

问题：请根据上述资料设计该项目的招标流程（具体开标时间为 2023 年 4 月 1 日，工作从发布招标公告开始做，采用资格后审）。

4．某工程建设项目依法采用公开招标方式组织该项目的招标工作，招标人对招标过程的时间及工作内容安排如下：

（1）2023 年 8 月 9 日 ~ 2023 年 8 月 14 日发售招标文件。

（2）2023 年 8 月 16 日上午 9:00 组织投标预备会。

（3）2023 年 8 月 17 日下午 3:00 组织现场踏勘。

（4）2023 年 8 月 20 日发出招标文件的澄清与修改，修改了几个关键技术参数。

（5）2023 年 8 月 29 日下午 4:00 为投标人递交投标保证金截止时间。

（6）2023 年 8 月 30 日上午 9:00 投标截止。

（7）2023 年 8 月 30 日上午 11:00 开标。

（8）2023 年 8 月 30 日下午 1:30 ～ 2023 年 8 月 31 日下午 5:30 评标委员会评标。

（9）2023 年 9 月 1 日～ 2023 年 9 月 2 日，评标结果公示。

（10）2023 年 9 月 4 日，发出中标通知书，2023 年 10 月 15 日，签订合同。

问题：逐一指出上述时间安排、程序中的不妥之处，并说明理由。

5．某工程基本信息：

工程名称：宿舍楼工程。

建设单位：×× 公司。

建设地点：北京市房山区。

建设规模：单体工程；地上 3 层，地下 0 层；框剪结构；檐高 14m；跨度 7m。

建筑面积：1239m²。

招标控制价：400 万元。

资金情况：自筹，资金已落实。

招标范围：图纸范围内的全部工程项目（土建工程、装饰装修工程），详见招标工程量清单。

随着公司员工数量的增多，宿舍楼使用面积紧张，因此决定新增员工宿舍楼，建设费用全部为企业自筹。

目前，本工程已经由公司项目管理部门完成项目前期的立项，取得规划许可证，同时招标图纸、工程概（预）算和勘察报告均已通过相关部门审批。

公司项目管理部门是专门负责公司新建项目开发、项目管理和造价咨询等业务的部门，曾经多次承办公司办公楼和宿舍楼的开发、招（投）标及项目管理工作；该部门现有招标工程师 5 名、注册造价师 3 名、注册一级建造师 5 名、高级工程师 5 名、法务人员 1 名及其他公司职员。

本工程拟采用施工总承包的方式（不接受联合体投标），公司只负责与施工总承包单位进行竣工结算。一旦确定中标单位并签订合同后，公司可以预先支付给施工总承包单位 30% 的工程款，同时会向施工单位提供支付担保；进度款按月支付至实际进度工程量的 85%。待工程竣工验收合格后，支付至合同款的 90%；审计完成后，支付至审计款的 95%，扣留 5% 的工程款作为质量保证金，在缺陷责任期终止后根据维修情况退还给施工单位。当未施工工程尚需的主要材料及构件的价值相当于工程预付款数额时开始扣回工程预付款，扣回方式为从每次结算工程价款中按材料比重扣抵工程价款，竣工前全部扣清。

本工程招标工程量清单及招标控制价由公司项目管理部门负责编制；本工程采用固定总价合同，如果工程量清单发生错误，可根据《建设工程工程量清单计价规范》（GB 50500—2013）的相关规定进行调整，其他因素不做调整。

工程建设地点位于北京市房山区，周边紧邻住宅楼，因此施工期间需要施工单位严格按照"北京市绿色工地"的标准进行管理，同时严格控制好材料进出场时间，以免影响周边居民的正常生活。

本工程确定中标人后，公司项目管理部门会提供给中标单位 8 套施工图纸（含竣工图）。本工程建成后，公司除了内部档案馆留 1 套竣工资料备案外，同时移交给北京市房山区城建档案馆 1 套和审计公司 1 套竣工资料；竣工资料由施工总承包单位负责整理归档，由此产生的相关费用由公司承担。

本工程计划工期为 200 天，计划开工日期为 2023 年 5 月 20 日，竣工日期为 2023 年 12 月 5 日。工期奖惩措施：提前一周奖励 5 万，延迟一周罚款 10 万。工程质量要求为符合国家验收标准。本工程自 2023 年 3 月 30 日公开发布招标公告，并于 2023 年 5 月 15 日前完成全部招标工作，具备施工进场实施条件。

由于本工程投资额较大，因此采用资格后审的形式进行公开招标；采用招标控制价的形式作为最高投标限价；为了确保该工程招（投）标活动的严肃性，需投标人提交投标保证金，投标保证金的形式、金额及有效期按相关法律规定执行。

问题：根据案例背景制订招标工作计划。

6．某房地产公司用自有资金开发商品房项目，工程概算 5500 万元，委托某招标代理公司组织招（投）标事宜。招标代理公司于 3 月 15 日向 3 个具备总承包能力且资信良好的建筑企业 A、B、C 发出了招标邀请书，3 家公司均接受邀请。

由于 3 家建筑企业均为知名企业，故招标代理公司未进行单独的资格审查，仅通知在开标时投标人应当提交相关资质、业绩证明等相关资料。招标代理公司分别于 3 月 18 日～3 月 20 日组织了 3 家企业进行了现场踏勘，并在踏勘后发售了招标文件，文件中写明了投标截止时间为 4 月 12 日上午 9 点，开标地点为某建设工程交易中心会议室，文件中还写明了评标的标准和评标专家的名单。

3 月 30 日，招标代理公司组织 3 家建筑企业召开投标预备会，就项目概况和现场情况做了较详细的介绍，并对图纸进行了交底。最后，针对各投标人提出的书面和口头询问，以会议记录的形式对 3 家企业进行了分别的书面答疑。

B、C 两家建筑企业在 4 月 12 日前递交了投标文件，A 于 4 月 12 日早上 8:30 向招标代理公司递交了投标文件。开标会议在 4 月 12 日上午 9 点如期进行，到场的有房地产公司负责人、当地招标办公室工作人员、当地建设行政主管部门的负责人、公证处人员、招标代理公司负责人和工作人员，以及 A、B、C 3 家企业相关人员。开标会议由建设行政主管部门负责人主持，在招标代理公司负责人检查了投标文件的密封情况后，对 3 份投标文件开封、宣读，当场唱标。整个开标过程没有记录，由公证处出具相关公证证明。

评标专家进行了详细的评审，由于招标人的授权，评标专家委员会直接确定得最高分的 B 为中标人。招标代理公司于 4 月 16 日向 B 公司发出了中标通知书，同时通知了未中标的 A、C。房地产公司在与 B 签订合同的过程中，要求 B 以其投标报价的 95% 为合同价款，在遭到 B 拒绝后，房地产公司与 C 进行协商，按 B 的投标价的 95% 与 C 签订了合同。

问题：

（1）本例涉及的项目是否可以不采取招标而直接发包？为什么？

（2）请问上述招标程序有无不妥、不完善之处？若有，请指正。

7．经当地主管部门批准，某建设单位自行组织某项商业建设项目的施工公开招标工作，确定的招标程序如下：①成立该项目施工招标工作小组；②编制招标文件；③发布招标邀请书；④对报名参加投标者进行资格预审，并将结果通知各申请投标者；⑤向合格的投标者发售招标文件及图纸、技术资料等；⑥建立评标组织，制定评标、定标办法；⑦举行开标会议，审查投标书；⑧组织评标，决定中标单位；⑨发出中标通知书；⑩设计单位与中标单位签订承（发）包合同。

问题：请问上述招标程序有无不妥、不完善之处？若有，请指正。

8．中国人民解放军某空军部队，拟在某地建设雷达生产厂，经国家有关部门批准后，开始对本项目筹集资金，并进行施工图设计。该项目资金由自筹资金和银行贷款两部分组成，自筹资金已全部落实，银行贷款预计在 2023 年 7 月 30 日到位。2023 年 3 月 8 日，设计单位完成了初步设计图纸，3 月 12 日进入施工图纸设计阶段，预计 5 月 8 日完成施工图设计。该空军部队考虑到该项目要在年底竣工，遂决定于 3 月 19 日进行施工招标。施工招标采用邀请招标方式，并于 3 月 20 日向两家合作过的施工单位发出了投标邀请书。

问题：

（1）建设工程施工招标的必备条件有哪些？

（2）本项目是否可以进行工程施工招标？为什么？

（3）在何种情况下，可以采取邀请招标方式进行招标？

（4）招标人在招标过程中的不妥之处有哪些？并说明理由。

9．某办公楼项目的招标人于 2022 年 10 月 11 日向具备承担该项目能力的 A、B、C、D、E 5 家承包商发出投标邀请书，其中说明 10 月 17 日、18 日 9:00 ～ 16:00 在该招标人总工程师办公室领取招标文件，11 月 8 日 14:00 为投标截止时间。在投标截止日期前 10 天，招标人书面通知各投标单位，由于某种原因，决定将铝合金窗工程从原投标范围中删除。该 5 家承包商接受邀请，并按规定时间递交了投标文件。但承包商 A 在送出投标文件后发现报价估算有较严重的失误，赶在投标截止时间前 10min 递交了一份书面说明，撤回了已提交的投标文件。开标时，由招标人委托的市公证处人员检查投标文件的密封情况，确认无误后，由工作人员当众拆封。由于承包商 A 已撤回投标文件，故招标人宣布有 B、C、D、E 4 家承包商投标，并宣读了该 4 家承包商的投标价格、工期和其他主要内容。

评标委员会委员由招标人直接确定，共由 7 人组成，其中招标人代表 2 人，建筑技术专家 2 人，经济专家 2 人，非建筑技术专家 1 人。

在投标过程中，评标委员会要求 B、D 两投标人分别对其施工方案作详细说明，并对若干技术要点和难点提出问题，要求其提出具体、可靠的实施措施。作为评标委员会成员的招标人代表希望承包商 B 适当考虑一下降低报价的可能性。

按照招标文件中确定的综合评标标准，4 个投标人综合得分从高到低依次为 B、D、C、E，故评标委员会确定 B 为中标人。由于承包商 B 为外地企业，招标人于 11 月 10 日将中标通知书以挂号信方式寄出，承包商 B 于 11 月 14 日收到中标通知书。

从报价情况看，4 家投标人的报价从低到高依次为 D、C、B、E，因此从 11 月 16 日到 12 月 11 日招标人又与承包商 B 就合同价格进行了多次谈判，结果承包商 B 将价格降到略低于承包商 C 的报价水平，最终双方于 12 月 12 日签订了书面合同。

问题：

（1）从招标的性质来看，本例中的要约邀请、要约和承诺的具体表现是什么？

（2）从所介绍的背景资料看，该项目的招（投）标程序有哪些方面不符合《中华人民共和国招标投标法》的有关规定？

10．某市某单位利用财政性资金建设某政府办公楼项目，预算为 3000 万元，总建筑面积 20000m²。招标人采用公开招标的方式组织施工招标。招标公告编制完成后，招标人在该市很有影响力的报纸媒介上发布了招标公告。招标公告规定的投标人资格条件中有一项为"注册资本金在 5000 万元以上"；另外还规定，在购买招标文件时，潜在投标人须提交 50% 的投标保证金，即 5 万元（人民币），以保证潜在投标人购买招标文件后参加项目投标。招标公告发布后 3 天，有两家单位购买了招标文件，招标人经分析后认为"注册资本金在 5000 万元以上"的资格条件可能过高，影响了潜在投标人参与竞争，于是决定修改为"注册资本金在 1000 万元以上"。为减少招标时间，经商讨，招标人决定直接在招标文件中对上述资格条件进行调整，并在开标前 15 日通知所有购买招标文件的投标人，而不再重新发布招标公告，以保证开标计划能够如期进行。最终共有 8 名投标人参加投标，开标计划如期进行。

问题：

（1）招标公告中应列明哪些内容？

（2）招标人在上述招标公告的发布过程中有哪些不正确的行为？为什么？正确的处理方法是怎样的？

（3）根据所给工程项目案例，编制招标公告（参照招标公告示范文本进行编制）。

单元 3

建设工程投标

思维导图

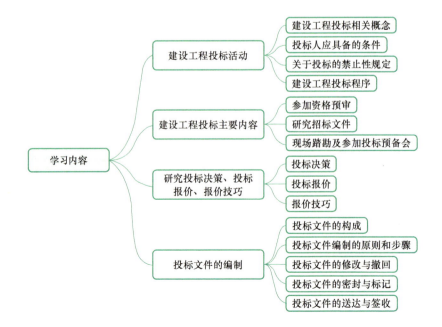

3.1　建设工程投标活动

应用案例

　　某投资公司建设一幢办公楼，采用公开招标方式选择施工单位，投标保证金有效期同投标有效期，提交投标文件的截止时间为 2023 年 5 月 30 日。该公司于 2023 年 3 月 6 日发出招标公告，有 A、B、C、D、E 5 家建筑施工单位参加了投标。E 单位由于工作人员疏忽于 6 月 2 日提交投标保证金。开标会于 6 月 3 日由该省建设委员会主持，D 单位在开标前向投资公司要求撤回投标文件。经过综合评选，最终确定 B 单位中标。双方按规定签订了施工承包合同。

　　【引导问题】

　　E 单位的投标文件应如何处理？为什么？对 D 单位撤回投标文件的要求应如何处理？为什么？

知识导入

　　随着我国市场经济体制的逐步完善，施工企业作为建筑市场竞争的主体之一，积极参与招（投）标活动是其生存与发展的重要途径，是施工企业在激烈的竞争中，凭借本企业的实力、优势、经验和信誉，以及投标水平获得工程项目承包任务的过程。因此，掌握投标工作内容，做好投标工作准备，运用恰当的投标技巧，编制科学、合理、具有竞争力的投标文件是施工投标成功的关键。

一、建设工程投标相关概念

1. 投标人的概念

　　按照《中华人民共和国招标投标法》的规定，投标人是指响应招标，参加投标竞争的法人或者其他组织。响应招标，是指投标人对招标人在招标文件中提出的实质性要求和条件做出响应。《中华人民共和国招标投标法》还规定，依法招标的科研项目允许个人参加投标，投标的个人适用《中华人民共和国招标投标法》中有关投标人的规定。因此，投标人的范围除了包括法人、其他组织，还应当包括自然人。随着我国招标事业的不断发展，自然人作为投标人的情形会越来越多。

2. 投标的概念

　　投标是与招标相对应的概念，它是指投标人应招标人的邀请或投标人满足招标人最低资质要求而主动申请，按照招标的要求和条件，在规定的时间内向招标人递交标书，争取中标的行为。建设工程投标主要包括工期、质量、价格、施工方案等指标。

3. 联合体投标的概念

　　联合体投标也叫共同投标，是指两个以上法人或者其他组织组成一个联合体，以一个投标人的身份共同投标的行为。联合体各方均应具备国家规定的资格条件和承担招标项目的相应能力。

二、投标人应具备的条件

投标人应当具备的条件有：具有独立订立合同的权利；具有履行合同的能力，包括专业资格、技术资格和对应能力，资金、设备和其他设施状况，管理能力，经验、信誉和相应的从业人员；没有处于被责令停业，投标资格被取消，财产被接管、冻结，破产等状态。

《中华人民共和国招标投标法》第二十六条规定，投标人应当具备承担招标项目的能力；国家有关规定对投标人资格条件或者招标文件对投标人资格条件有规定的，投标人应当具备规定的资格条件。

三、关于投标的禁止性规定

1. 串通投标

串通投标是共同违法行为，它破坏了招标投标制度"公开、公平、公正"的市场竞争原则。从形式上来说，串通投标可以分为投标人之间串通投标和投标人与招标人串通投标。

（1）投标人之间串通投标

投标人之间串通投标的主体是所有参加投标的投标人，其目的是避免相互竞争，协议轮流在类似项目中中标。这种行为损害了招标人的利益。

《中华人民共和国招标投标法》第三十二条规定，投标人不得相互串通投标报价，不得排挤其他投标人的公平竞争，损害招标人或者其他投标人的合法权益。

《招标投标法实施条例》第三十九条规定，禁止投标人相互串通投标。有下列情形之一的，属于投标人相互串通投标：

1）投标人之间协商投标报价等投标文件的实质性内容。

2）投标人之间约定中标人。

3）投标人之间约定部分投标人放弃投标或者中标。

4）属于同一集团、协会、商会等组织成员的投标人按照该组织要求协同投标。

5）投标人之间为谋取中标或者排斥特定投标人而采取的其他联合行动。

《招标投标法实施条例》第四十条规定，有下列情形之一的，视为投标人相互串通投标：

1）不同投标人的投标文件由同一单位或者个人编制。

2）不同投标人委托同一单位或者个人办理投标事宜。

3）不同投标人的投标文件载明的项目管理成员为同一人。

4）不同投标人的投标文件异常一致或者投标报价呈规律性差异。

5）不同投标人的投标文件相互混装。

6）不同投标人的投标保证金从同一单位或者个人的账户转出。

（2）投标人与招标人串通投标

投标人与招标人串通投标的主体是招标人与特定投标人，其目的是使招标投标流于形式，排挤竞争对手的公平竞争。这种行为损害了国家利益、社会公共利益、他人的合法权益。

《中华人民共和国招标投标法》第三十二条规定，投标人不得与招标人串通投标，损害国家利益、社会公共利益或者他人的合法权益。

《招标投标法实施条例》第四十一条规定，禁止招标人与投标人串通投标。有下列情形之一的，属于招标人与投标人串通投标：

1）招标人在开标前开启投标文件并将有关信息泄露给其他投标人。

2）招标人直接或者间接向投标人泄露标底、评标委员会成员等信息。

3）招标人明示或者暗示投标人压低或者抬高投标报价。

4）招标人授意投标人撤换、修改投标文件。

5）招标人明示或者暗示投标人为特定投标人中标提供方便。

6）招标人与投标人为谋求特定投标人中标而采取的其他串通行为。

2. 以行贿手段谋取中标

《中华人民共和国招标投标法》第三十二条规定，禁止投标人以向招标人或者评标委员会成员行贿的手段谋取中标。

投标人以行贿的手段谋取中标是指投标人以谋取中标为目的，给予招标人（包括其工作人员）或者评标委员会成员财物（包括有形财务和其他好处）的行为。此行为违背了《中华人民共和国招标投标法》规定的基本原则，破坏了招标投标活动的公平竞争，损害了其他投标人的利益，而且还可能损害到国家利益和社会公共利益。投标人以行贿手段谋取中标的法律后果是中标无效，有关责任单位应当承担相应的行政责任或刑事责任，给他人造成损失的，还应当承担民事赔偿责任。

3. 以低于成本的报价竞标

《中华人民共和国招标投标法》第三十三条规定，投标人不得以低于成本的报价竞标。投标人的报价一般由成本、税金和利润 3 部分组成，当报价为成本价时，企业利润为零。如果投标人以低于自己成本的报价竞标，就很难保证工程质量，偷工减料、以次充好的现象也会随之产生。因此，投标人以低于成本的报价竞标的手段是法律所不允许的。投标人以低于成本的报价竞标，其目的主要是为了排挤其他对手，这不符合市场竞争规则，对招标人和投标人自己都无益处。

4. 以非法手段骗取中标

《中华人民共和国招标投标法》和《工程建设项目施工招标投标办法》都规定，投标人不得以他人名义投标或者以其他方式弄虚作假，骗取中标。

《招标投标法实施条例》第四十二条规定，投标人有下列情形之一的，属于《中华人民共和国招标投标法》第三十三条规定的以其他方式弄虚作假的行为：使用伪造、变造的许可证件；提供虚假的财务状况或者业绩；提供虚假的项目负责人或者主要技术人员简历、劳动关系证明；提供虚假的信用状况；其他弄虚作假的行为。

无论哪一种违法形式，在投标过程中都应该是被禁止的，因此，《评标委员会和评标方法暂行规定》第二十条规定，在评标过程中，评标委员会发现投标人以他人的名义投标、串通投标、以行贿手段谋取中标或者以其他弄虚作假方式投标的，该投标人的投标应作废标处理。

四、建设工程投标程序

建设工程投标程序是指承包商在投标活动中从成立投标小组到正式递交投标文件参加开标会议的整个程序。投标既是一项严肃认真的工作，又是一项决策工作，必须按照法定的程序和做法进行，要满足招标文件的各项要求，遵守有关法律法规的规定，在规定的时间内进行公平、公正的竞争。为了投标成功，投标必须按照一定的程序进行，才能保证招标的公正合理性与中标的可能性。目前，我国建设工程各种项目的投标程序基本相同，建设工程投标基本程序如下：

1）获取招标信息，决定是否投标。

2）选择投标方式，是单独投标还是组成联合体投标。

3）购买资格预审文件，准备资格预审申请文件，参加资格预审。

4）通过资格预审后，购买、阅读、研究招标文件。

5）组建投标小组，专门负责本项目的投标工作。

6）参加现场踏勘和投标预备会。

7）市场调查及询价，为制作投标书做好准备。

8）编制施工规划及资金计划。

9）研究投标技巧。

10）选定参考定额和费率。

11）计算单价，汇总投标报价。

12）评估并调整投标报价。

13）编制投标文件。

14）办理投标担保。

15）密封并投递标书。

16）中标后办理履约担保。

17）签订承包合同。

3.2 建设工程投标主要内容

应用案例

2023 年 5 月，某县污水处理厂为了进行技术改造，决定对污水设备的设计、安装、施工等一揽子工程进行招标。考虑到该项目的特殊专业要求，招标人决定采用邀请招标的方式进行招标，随后向具备承包条件而且施工经验丰富的 A、B、C 3 家承包单位发出投标邀请，A、B、C 3 家承包单位均接受了邀请并在规定的时间、地点领取了招标文件。招标文件对新型污水设备的设计要求、设计标准等基本内容都作了明确的规定。为了把项目搞好，招标人还根据项目的特殊性，主持了投标预备会，对设计的技术要求作了进一步的解释说明，3 家投标单位都如期参加了这次投标预备会。在投标截止日期前 10 天，招标人书面通知各投标单位，由于某种原因，决定将安装工程从原招标范围内删除。接下来 3 家投标单位都按规定时间提交了投标文件。但投标单位 A 在送出投标文件后发现，由于对招标文件的技术要求理解错误，造成了报价估算有较严重的失误，遂赶在投标截止时间前 10min 向招标人递交了一份书面声明，要求撤回已提交的投标文件。由于投标单位 A 已撤回投标文件，在剩下的 B、C 两家投标单位中，通过评标委员会专家的综合评价，最终选择了 B 投标单位为中标单位。

【引导问题】

1．投标单位 A 提出的撤回投标文件的要求是否合理？为什么？

2．从所介绍的背景资料来看，在该项目的招（投）标过程中，有哪些事项不符合《中华人民共和国招标投标法》的规定？

一、参加资格预审

1. 资格预审申请文件

投标单位在获悉招标公告或收到投标邀请后，应当按照招标公告或投标邀请书中所提出的资格审查要求，向招标单位申报资格审查。为了证明自己符合资格预审文件规定的投标资格和合格条件要求，具备履行合同的能力，参加资格预审的投标单位应当提交资格预审申请文件。资格预审申请文件是招标投标文件的重要组成部分，在资格预审申请文件通过后，投标人才有参加投标的资格。在编制资格预审申请文件的过程中，要保证资格证明文件齐全、有效，符合资格预审文件的要求，保证是合格的投标人。

（1）资格预审申请函

资格预审申请函是申请人响应招标人招标参加资格预审的申请函，表示同意招标人或其委托人对资格预审申请文件进行审查。在申请函中应对所递交的资格预审申请文件及有关材料内容的完整性、真实性和有效性做出声明。

（2）法定代表人的身份证明或其授权委托书

1）法定代表人的身份证明，是申请人出具的用于证明法定代表人合法身份的证明，内容包括申请人的名称、单位性质、成立时间、经营期限，以及法定代表人的姓名、性别、年龄、职务等。

2）授权委托书是申请人及其法定代表人出具的正式文书，明确授权其委托代理人在规定的期限内负责资格预审申请文件的签署、澄清、递交、撤回、修改等活动，其活动的法律后果由申请人及其法定代表人承担。

（3）联合体协议书

联合体协议书适用于允许联合体投标的资格预审，是联合体各方共同参加资格预审和招标活动的联合协议。联合体协议书中应明确牵头人、各方职责分工及协议期限，并承诺对递交文件承担法律责任等。

（4）申请人基本情况

1）申请人的名称、企业性质、主要投资股东、法定代表人、经营范围与方式、营业执照、注册资金、成立时间、企业资质等级与资格声明，以及技术负责人姓名与联系方式、开户银行、员工专业结构与人数等。

2）申请人的施工制造或服务能力：已承接任务的合同项目总价，最大年施工、生产或服务的规模能力（产值），正在施工、生产或服务的规模数量（产值），申请人的施工、制造或服务质量保证体系，拟投入本项目的主要设备仪器情况。

（5）近年财务状况

申请人应提交近年（一般为近 3 年）经会计事务所或审计机构审计的财务报表，包括资产负债表、损益表、现金流量表等，用于招标人判断投标人的总体财务状况以及盈利能力和偿债能力，进而评估其承担招标项目的财务能力和抗风险能力。申请工程招标资格预审的，需特别反映申请人近 3 年中每年的营业额、固定资产、流动资产、长期负债、流动负债、净资产等。必要时，应由开户银行出具金融信誉等级证书或银行资信证明。

（6）近年完成的类似项目情况

申请人应提供近年已经完成的与招标项目的性质、类型、规模标准类似的工程名称、地址，招标人名称、地址及联系电话，合同价格，申请人的职责定位、承担的工作内容、完成日期，实现的技术、经济和管理目标和使用状况，项目经理、技术负责人等。

（7）拟投入技术和管理人员状况

申请人拟投入招标项目的主要技术和管理人员的身份、资格、能力，包括岗位任职、工作经历、职业资格、技术或行政职务、职称、完成的主要类似项目业绩等证明材料。

（8）未完成和新承接项目情况

填报信息内容与"近年完成的类似项目情况"的要求相同。

（9）近年发生的诉讼及仲裁

申请人应提供近年来在合同履行过程中，因争议或纠纷引起诉讼、仲裁的情况，以及有无因违法违规行为而被处罚的相关情况，包括法院或仲裁机构做出的判决、裁决、行政处罚决定等法律文书复印件。

（10）其他材料

申请人提交的其他材料包括两部分：一部分是资格预审须知、评审办法等有要求，但格式范例中没有表述的内容，如质量管理体系、环境管理体系、职业安全健康管理体系等的认证证书，各类获奖证书、荣誉证书等；另一部分是资格预审文件中没有要求提供，但申请人认为对自己通过资格预审比较重要的资料。

编制资格预审文件注意事项：

1）在编制资格预审申请文件的过程中，首先要通读并理解资格预审文件的各种条款，对有疑义的部分应立即按资格预审须知中所述的联系方式与招标人取得联系，并以书面形式提出澄清。在招标人以补遗书的方式通知各投标人后，应仔细阅读理解补遗书中的内容，并在 24h 内以传真的方式发确认函给招标人，确认已收到补遗书。

2）根据资格预审申请文件递交的时间，确定编制资格预审申请文件的时间安排。

3）资格预审文件中一般对业绩、人员、财务、施工机械及试验设备、履约信誉、企业资质等有强制性最低资格要求，因此在编制资格预审申请文件时，首先要在满足强制性最低资格要求的前提下进行必要的增加及补充，确保超过其最低资格要求。文件格式严格按照资格预审文件规定的要求编列。

4）授权书。授权书是资格预审申请文件不可缺少的重要法律文件，一般由所在公司或单位的法人授权，阐明该被授权人代表法人参与并全权处理一切与授权事项有关的活动。授权书一般按资格预审文件规定的格式填写，在办理过程中其公证书日期应与授权书日期相同。

5）银行信贷证明。银行信贷证明是资格预审申请文件的重要组成部分，主要是证明投标人有足够的资金运营此项目。银行信贷证明应根据招标人的要求在符合规定的银行办理。银行信贷证明的格式按招标人给定的格式填写，要逐字核查，任何一个细节错误都有可能导致资格预审申请文件不通过，因此填写时应倍加小心，特别是工期的填写。

6）资格预审申请文件的互检。在资格预审申请文件编制的过程中，编制人将资格预审文件中的强制性最低资格要求和编制过程中需要注意的细节问题，整理归纳成资格预审申请文件的注意事项；编制完成后，不要急于装订和包封，将该文件的注意事项连同资格预审申请文件的初稿交与互检人员进行核查。这个程序非常重要，是资格预审申请文件编制不可缺少的环节。

7）资格预审申请文件签署、装订和包封注意事项：

① 资格预审申请文件应用不褪色的材料书写或打印，并由申请人的法定代表人或其委托代理人签字或盖章。

② 资格预审申请文件中的任何改动之处均应加盖单位章或由申请人的法定代表人或其委托代理人签字确认。

③ 资格预审申请文件的正本与副本应分别装订成册，并编制目录。在正本和副本的封面上应清楚地标记"正本"或"副本"字样。当正本和副本不一致时，以正本为准。

④ 资格预审申请文件的正本与副本应分开包装，加贴封条，并在封套的封口处加盖申请人单位印章。

2. 参加资格预审注意事项

1）平时应注意对各种资格预审有关资料的积累，并保存相关的信息，这样在填写资格预审申请文件时，能及时将有关资料调出来，加以补充并完善，可显著减少工作量。如果平时不注意积累资料，完全靠临时发挥，往往会因达不到业主的要求而失去应有的机会。

2）在投标决策阶段要注意收集信息，如果有合适的项目，应及早进行资格预审的申请准备工作。

3）加强分析，要针对工程特点有重点地编制资格预审申请文件，要反映出本公司的施工水平、施工经验和施工组织能力，这往往是业主考虑的重点。

4）要特别做好递交资格预审申请文件后的跟踪工作，以便及时发现问题，及时补充相关资料。如果是国外工程，可通过代理人或当地的分公司进行有关的查询工作。

二、研究招标文件

投标人资格预审合格取得招标文件后，首要的投标准备工作是仔细认真地研究招标文件。研究招标文件最好由专人进行，重点应放在投标人须知、合同条件、设计图、工程量清单、技术规范等方面，要充分了解其内容和要求，以便安排投标工作。研究招标文件应重点关注以下几个方面：

1）研究工程综合说明，以获得对工程全貌的理解。

2）熟悉并详细研究设计图和规范（技术说明），目的在于弄清工程的技术细节和具体要求，使编制施工方案和报价计算有确切的依据。要注意技术规范中有无特殊施工技术要求，有无特殊设备、材料的技术要求。分析施工图时，要注意平面图、立面图、剖面图之间位置、尺寸的一致性，结构图与设备安装图之间的一致性，当发现存在矛盾时应及时提请招标人予以澄清并修正。

3）研究主要合同条款，明确合同类型是总价合同、单价合同还是成本加酬金合同；明确中标后应承担的义务、责任及应享有的权利，开（竣）工时间及工期提前与拖延的奖罚，预付款的支付和工程款结算办法，工程变更及停工、窝工损失处理办法；明确担保或保函的有关规定、物价调整的有关规定、关于现场人员事故保险和工程保险等的规定、关于争端解决的有关规定等；认真落实投标的报价范围，在投标报价中不"错报"，不"漏报"；认真核算工程量，当发现工程量清单中的工程量与实际工程量有较大差异时，应向招标人提出质疑。

4）熟悉投标人须知，明确在投标过程中投标人应在什么时间做什么事和不允许做什么事，目的在于提高效率，避免造成废标。

只有在全面研究招标文件，明确了工程本身和招标人的要求之后，投标人才能有的放矢地制订自己的投标工作计划，以争取中标为目标有序地开展工作。

三、现场踏勘及参加投标预备会

1. 现场踏勘

现场踏勘主要是指去工地现场进行勘察。招标单位一般在招标文件中会注明现场踏勘的时间和地点，在招标文件发出去后会进行现场踏勘的准备工作。

现场踏勘是投标人必须进行的投标程序。按照惯例，投标人提出的报价单一般认为是在现场踏勘的基础上编制成的，因此投标人在报价前必须全面仔细地调查工地及其周围的政治、经济、地理等情况。一旦报价单提交之后，投标人就无权因为现场踏勘不周、情况了解不细或因素考虑不全面而提出修改、调整或提出补偿等要求。

在现场踏勘之前，投标人应先仔细研究招标文件，特别是文件中的工作范围、设计图纸和说明，然后拟订现场踏勘提纲，确定重点解决的问题，做到事先有准备。

现场踏勘的费用由投标人自行承担。

现场踏勘工作一般包括以下几个方面：

（1）自然地理条件

自然地理条件包括施工现场的地理位置、地形、地貌，用地范围，气象、水文情况，地质情况，地震及设防烈度，洪水、台风及其他自然灾害情况等。这些条件有的直接涉及风险费用的预算，有的则涉及施工方案的选择，并直接涉及工程费用的估算。

（2）市场情况

市场情况包括建筑材料、施工机械设备、燃料、动力和生活用品的供应状况、价格水平与变动趋势，劳务市场状况，银行利率和外汇汇率等情况。

不同建设地点由于地理环境和交通条件的差异，市场情况变化会很大。因此，要准确估算工程造价，就必须对市场情况进行详细调查。

（3）施工条件

施工条件包括临时设施、生活用地的位置和大小，供排水、供电、进场道路、通信条件，引接供排水线路、电源线路、通信线路和道路的条件与距离，附近既有建（构）筑物、地下和空中管线情况，环境对施工的限制等。这些条件有的直接关系到临时设施费，有的则与施工工期、施工方案有关，或涉及技术措施费，从而直接或间接影响工程造价。

（4）其他条件

其他条件包括交通运输条件、其他承包商或分包商的情况、工地现场附近的治安情况等。

交通运输条件直接关系到材料和设备的到场价格，对工程造价影响十分显著。

2. 参加投标预备会

投标预备会是招标人给所有投标人提供的一次答疑的机会，有利于投标人加深对招标文件的理解，凡是想参加投标并希望中标的投标人，都应认真准备和积极参加投标预备会。

投标人在参加投标预备会之前应预先深入研究招标文件，并将发现的各类问题整理成书面文件，寄给招标人要求给予书面答复，或在投标预备会上予以解释和澄清。投标人参加投标预备会应注意以下几点：

1）对工程内容、范围不清的问题，应提请解释、说明，但不要提出修改设计方案的要求。

2）如招标文件中的图纸、技术规范存在相互矛盾之处，可请求说明以哪个为准，但不要轻易提出修改技术要求。

3）对含糊不清、容易产生歧义的合同条款，可以请求给予澄清、解释，但不要提出改变合同条件的要求。

4）注意提问技巧，注意不要使竞争对手从自己的提问中获悉本公司的投标设想和施工方案。

5）招标人在投标预备会上对所有问题的答复均应发出书面文件，并作为招标文件的组成部分，投标人不能仅凭招标人的口头答复来编制自己的投标文件。

3.3　研究投标决策、投标报价、报价技巧

应用案例

某办公楼施工招标文件的合同条款中规定：预付款数额为合同价的 30%，开工后 3 日内支付，上部结构工程完成一半时一次性全额扣回，工程款按季度支付。

某承包商对该项目投标，经造价工程师估算，总价为 9000 万元，总工期为 24 个月，其中：基础工程估价为 1200 万元，工期为 6 个月；上部结构工程估价为 4800 万元，工期为 12 个月；装饰和安装工程估价为 3000 万元，工期为 6 个月。

该承包商为了既不影响中标，又能在中标后取得较好的收益，决定采用不平衡报价法对造价工程师的原估价作适当调整，基础工程估价调整为 1300 万元，上部结构工程估价调整为 5000 万元，装饰和安装工程估价调整为 2700 万元。

另外，该承包商还考虑到，该工程虽然有预付款，但平时工程款按季度支付不利于资金周转，决定除按上述调整后的数额报价外，还建议业主将支付条件改为：预付款为合同价的 5%，工程款按月支付，其余条款不变。

【引导问题】

1. 该承包商所运用的不平衡报价法是否恰当？为什么？

2. 除了不平衡报价法，该承包商还运用了哪种报价技巧？运用是否得当？

知识导入

一、投标决策

1. 建设工程投标决策概述

投标决策是指承包商在投标竞争中的系统工作部署及其参与投标竞争的方式和手段。企业

在参加工程投标前，应根据招标工程情况和企业自身的实力，组织有关投标人员进行投标策略分析。

投标决策主要包括三方面的内容：其一，针对招标项目，判断是投标还是不投标；其二，倘若去投标，是投什么类型的标；其三，投标中如何以长制短、以优胜劣。

投标决策的正确与否，关系到能否中标和中标后的效益问题，关系到企业的信誉、发展前景及经济利益，甚至关系到国家的信誉和经济发展问题。因此，企业的决策班子必须充分认识到投标决策的重要意义。

随着建筑市场的规范化，承包商通过参加工程投标取得工程项目已成为其取得工程项目的主要途径。承包商通过投标获得工程项目，是市场经济条件下的必然之路，但承包商并不是每标必投，应针对实际情况进行投标决策。对承包商来说，经济效益是第一位的。但盈利有多种方式，掌握项目前期的投标策略和报价技巧对项目的盈利非常重要。决策前要注意分析论证，避免决策的模糊性、随意性和盲目性。

2. 投标决策阶段的划分

根据工作特点，投标决策可以分为两阶段进行，即投标决策的前期阶段和投标决策的后期阶段。

投标决策的前期阶段，主要研究是否投标，必须在购买资格预审资料前完成。在这个阶段进行决策的主要依据是招标公告，以及企业对招标项目、业主情况的调研和了解程度。

如果决定投标，即进入投标决策的后期阶段，它是指从申报资格预审至投标报价（递送投标书）前的决策研究阶段。这个阶段主要研究倘若投标，投什么类型的标，以及在投标中采取的策略问题。投标的分类如下：

（1）按投标性质划分，投标有风险标和保险标

1）风险标是指承包商明知工程承包难度大、风险大，且在技术、设备、资金方面有未解决的问题，而冒风险承包难度比较大的招标工程而投的标。中标后，如问题解决得好，可取得较好的经济效益，还可锻炼施工队伍，使企业效益和实力更上一层楼；解决得不好，企业的信誉就会受到损害，严重的可能导致企业亏损以至破产。因此，投风险标必须审慎。

2）保险标是指承包商对基本上不存在技术、设备、资金等方面问题，或虽有问题，但可预见并已有解决办法的招标工程而投的标。当前，我国施工企业多数愿意投保险标。

（2）按效益划分，投标有盈利标、保本标和亏损标

1）盈利标是指承包商为能获得丰厚的利润回报而投的标，主要包括以下情况：①业主对承包商特别满意，希望发包给承包商的；②招标工程是竞争对手的弱项，是承包商的强项；③承包商在手的工程已经饱满，但招标工程利润丰厚，值得投标且承包商能承受超负荷运转的情况。

2）保本标是指承包商对不能获得多少利润但一般不会出现亏损的招标工程而投的标，主要包括以下情况：①投标工程竞争对手较多，而承包商无优势的；②承包商在手的工程较少，无后继工程，可能出现窝工情况的。

3）亏损标是指承包商对不能获利、自己赔本的招标工程而投的标，主要包括以下情况：①投标项目的强劲竞争对手众多，但承包商孤注一掷，志在必得；②承包商已出现大量窝工，严重亏损，急需寻求工程的；③投标项目属于承包商的新市场领域，承包商渴望打入的；④承包商有绝对优势占据招标工程所属的市场领域，而其他竞争对手强烈希望插足分享的。

3. 投标决策的原则

承包商应对投标项目有所选择，特别是投标项目比较多时，投哪个标、不投哪个标以及投什么样的标，这都关系到中标的可能性和企业的经济效益，因此投标决策非常重要。进行投标决策时必须遵循下列原则：

（1）可行性原则

选择投标项目时，首先要从本企业的实际情况出发，要实事求是、量力而行，以保证本企业均衡生产、连续施工为前提，防止出现"窝工"和"赶工"现象。要基于企业的施工力量、机械设备、技术能力、施工经验等因素，考虑该投标项目是否合适，是否有一定的利润，能否保证工期和满足质量要求。其次要考虑能否发挥本企业的特点和特长、技术优势和装备优势，要注意扬长避短，选择适合发挥自己优势的项目，发扬长处才能提高利润、创造信誉，要避开自己不擅长的项目和缺乏经验的项目。最后要根据竞争对手的技术经济情报和市场投标报价的动向，分析和预测是否有中标的把握和机会。对于毫无中标希望的项目，不宜参加投标，以免损害本企业的声誉，进而影响未来的中标机会。

（2）可靠性原则

要了解投标项目是否已经过正式批准，列入国家或地方的建设计划，资金来源是否可靠，主要材料和设备供应是否有保证，设计文件完成的阶段情况，设计深度是否满足要求等。此外，还要了解业主的资信条件及合同条款的宽严程度，有无重大风险等。应当回避那些利润小、风险大的项目以及本企业没有条件承担的项目。

（3）盈利性原则

利润是承包商追求的目标之一。保证承包商的利润，既可使承包商不断改善技术装备，扩大再生产，同时有利于提高企业职工的收入，改善生活福利设施，从而有助于充分调动职工的积极性和主动性。所以，确定适当的利润率是承包商经营的重要决策。在选取利润率的时候，要分析竞争形势，掌握当时当地的一般利润水平，并综合考虑本企业近期及长远目标，注意近期利润和远期利润的关系。

（4）审慎性原则

参与的每次投标，都要花费不少人力、物力，付出一定的代价，只有中标才有利润可言。特别是在建设任务不足的情况下，竞争非常激烈，承包商为了生存都在拼命压价，利润甚微。承包商要慎重选择投标对象，除非迫不得已，否则绝不能承揽亏本的工程项目。

（5）灵活性原则

在某些特殊情况下可采用灵活的战略战术。例如，为在某个地区打开局面，可以采用让利方针，以薄利取胜。承揽了当前工程，可为以后的中标创造机会和条件。

在进行投标项目的选择时还应考虑下列因素：本企业工人和技术人员的操作水平，本企业投入该项目所需机械设备的可能性，施工能力，对同类工程工艺的熟悉程度和管理经验，战胜对手的可能性，中标后对本企业在该地区的影响，流动资金周转的可能性等。

4. 投标决策的影响因素分析

在建设工程投标过程中，有很多因素影响投标决策，只有认真分析各种因素，对多方面因素进行综合考虑，才能做出正确的投标决策。承包工程涉及工程所在地的地方法规、民情、气候条件、地质、技术要求等许多方面的因素，这就使承包商常常处于纷繁复杂和变化多端的环境中。承包商想在投标过程中取得胜利，需要做到"知己知彼，百战不殆"，而工程投标决策的过程就是一个知己知彼的过程。"己"即影响投标决策的主观因素，"彼"即影响投标决策的客观因素。

（1）影响投标决策的主观因素分析

"知己分析"，即分析承包商现有的资源条件，包括企业目前的技术实力、经济实力、管理实力、社会信誉等。

1）技术实力方面，应分析是否具有专业技术人员和专家级组织结构、类似工程的承包经验、一定技术实力的合作伙伴。

2）经济实力方面，应分析以下因素：①有无垫付资金的实力；②有无支付固定资产投入和机具设备投入所需资金的能力；③有无支付施工用款或筹集承包工程所需资金的能力；④有无支付投标保函、履约保函、预付款保函、缺陷责任期保函等各种担保的能力；⑤有无支付关税、进口调节税、增值税、印花税、所得税、环境保护税等各种税费和保险的能力；⑥有无承担各种风险，特别是承担不可抗力风险的能力。

（2）影响投标决策的客观因素分析

"知彼分析"，即分析与投标工程相关的一切外界信息，包括项目的难易程度，业主和其他合作伙伴的情况，竞争对手的实力、优势及投标环境的优劣情况，法律法规及其他因素等。

1）项目的难易程度分析，如质量要求、技术要求、结构形式、工期要求等。

2）业主和其他合作伙伴的情况分析，如业主的合法地位、支付能力、履约能力，合作伙伴（如监理工程师）处理问题的公正性、合理性等。

3）竞争对手的实力、优势及投标环境的优劣情况分析。是否投标，应注意竞争对手的实力、优势和投标环境的优劣情况。竞争对手的在建工程情况是十分重要的信息，如果竞争对手的在建工程即将完工，可能急于获得新承包项目，其投标报价就不会很高；如果竞争对手的在建工程规模大、时间长，但仍参加投标，则其投标报价可能比较高。从总的竞争形势来看，大型工程承包公司技术水平较高，善于管理大型复杂工程，其适应性强，可以承包大型工程；中小型工程由中小型工程公司或当地工程公司承包的可能性较大，因为中小型公司在当地有自己熟悉的材料、劳动力供应渠道，管理需求相对比较少，有自己惯用的特殊施工方法等。

4）法律法规分析。该分析主要是分析法律法规的适用问题，即招标投标双方当事人发生争议后，应该以什么法律法规作为依据。

二、投标报价

1. 工程投标报价的概念

工程投标报价是指投标人响应招标文件的要求，按照一定的编制原则、编制依据、编制方法，并考虑投标人的风险承受能力，估算预计完成招标工程项目所发生的各项费用的总和。工程投标报价是投标人对招标人的招标文件的价格要素做出的要约表示，直接影响到投标人能否中标和中标后的利润多少。因此，工程投标报价是工程投标工作的核心内容。

对于工程施工项目，由于计价的方式不同，分为定额计价报价和工程量清单报价。采用工程量清单报价的工程投标报价，是按照工程量清单计价的编制原则、编制依据，采用工程量清单计价的方法，考虑企业的风险承受能力，经计算确定的预计完成工程施工项目的工程造价。

2. 工程投标报价的编制依据

采用工程量清单报价的工程施工项目，其编制依据与招标控制价的编制依据基本一致，具体内容有：

1）现行的工程量清单计价规范及其实施细则，如《建设工程工程量清单计价规范》（GB 50500—2013）、《〈建设工程工程量清单计价规范〉（GB 50500—2013）广西壮族自治区实施细则》。

2）现行的建筑安装工程定额及配套规定，如《广西壮族自治区建筑装饰装修工程消耗量定额》《广西壮族自治区建筑工程费用定额》等。

3）招标文件的有关内容，如工程量清单应与投标人须知、合同协议条款、通用合同条款、专用合同条款、技术规范及图纸等文件涉及报价的内容相匹配。

4）招标人书面答复的有关内容。

5）投标人内部的企业定额、类似工程的成本核算资料。

6）其他与报价有关的各项政策、规定及调整系数等，如有关配套费率、人工和机械台班费用调整规定以及当地市场材料价格等。

3. 工程投标报价的编制原则

1）非竞争性费用严格按政策规定套算。非竞争性费用是指招标文件中根据省级行政主管部门的规定列项或由招标单位自行统一规定的费用部分，投标人直接将其加入投标报价中即可。对于非竞争性费用，投标人决不可按自己的意思进行调整，否则会因不响应招标文件的实质性条款而成为废标。非竞争性费用主要有安全文明施工费、规费、税金、暂列金额、暂估价、计日工等。

2）竞争性费用以定额、政策规定为基础，在风险范围内适当调整。竞争性费用是指投标单位按政策规定、招标文件等要求，根据招标工程项目，结合自身的能力优势、施工组织、材料市场价格信息并考虑风险后自行报价的部分，如定额消耗量，人、材、机单价，企业管理费费率，利润率，风险费用，措施费用，计日工，总承包管理费等。

三、报价技巧

投标的实质是各个投标人之间实力、资质、信誉等的较量，同时也是不同投标人所选择的报价技巧之间的博弈。报价技巧是指投标人通过投标决策确定的既能提高中标率，又能在中标后获得期望效益的方针、策略和措施。在招标人、投标人以及投标竞争对手三方高度不确定性的投标报价博弈活动中，投标人要想获胜，一方面要靠实力，另一方面要靠报价技巧，下面介绍几种常见的报价技巧：

1. 报高价与报低价法

在投标过程中，报价是确定中标人的重要条件之一，但不是唯一条件。一般来说，在工期、质量、社会信誉相同的条件下，招标人会选择最低报价。但是作为投标人来说，低报价不一定是企业的最佳选择，投标人应当在考虑自身的优势、劣势和评价标准的基础上，分析招标项目的特点，按照工程项目的不同特点、类别、施工条件等选择报价策略。

（1）可报高价的情况

1）施工条件差的工程，如场地狭窄、地处闹市。

2）业主要求高的技术密集型工程，而本企业在这方面又有专长，声望也高。

3）价格低的小工程，以及自己不愿意承揽而被邀请投标时。

4）特殊的工程，如港口码头工程、地下开挖工程等。

5）业主对工期要求急的工程。

6）投标对手少的工程。

7）付款条件不理想的工程。

（2）可报低价的情况

1）施工条件好的工程，工作简单、工程量大，一般公司都可以做的工程，如土方工程、一般的房屋建筑工程等。

2）公司目前急于打入某一市场、某一地区，或虽已在某地区经营多年，但即将面临没有工程的情况，如某些国家规定，在该国注册的公司在一年内没有经营项目时，就要撤销营业执照。

3）附近有工程，而本项目可利用该项工程的设备、劳务或有条件短期内突击完成的工程。

4）投标对手多、竞争力强的工程。

5）业主对工期要求不急的工程。

6）支付条件好的工程，如现汇支付。

2. 不平衡报价法

不平衡报价法又称为前重后轻法，是指在采用工程量清单报价过程中，在总报价基本确定的前提下，调整内部各个子项的报价，这样既不影响总报价，又能在中标后满足资金周转的需要，获得较理想的经济效益。因此，不平衡报价法要保证两个原则，即"早收钱"和"多收钱"。一般可以考虑在以下情况采用不平衡报价法：

1）先完成的工程量项目报高价，后完成的工程量项目报低价，即"早收钱"，提前将工程款拿到。这个技巧就是在报价时把工程量清单里先完成的工作内容的单价调高，如临时设施、土石方工程、基础和结构部分等；把后完成的工作内容的单价调低，如道路面层、交通指示牌、屋顶装修、清理施工现场和零散附属工程等。这种情况下，尽管后完成工程可能会赔钱，但由于先期已收回了成本，资金周转的问题已经得到妥善解决，财务应变能力得到提高，还有适量的利息收入，因此只要能够保证整个项目的最终盈利即可。但这种情况对竣工后一次结算的工程不适用。

2）要增加的工程量项目报高价，要减少的工程量项目报低价，即"多收钱"，也就是利用工程量的增加额来赚钱。这个技巧就是在报价时对于预计后续工程量会通过变更增加的项目，单价可适当提高，这样在工程结算时可多赚钱；对于预计后续工程量会通过变更减少的项目，单价可适当降低，这样在工程结算时损失不大。

3）设计图不明确、难以计算准确工程量的项目，如土石方工程，其报价可提高一些，这样对总报价的影响不大，又存在多获利的机会。一旦实际发生的工程量比投标时的工程量大，企业就可以获得较大的利润；而实际发生的工程量比投标时的工程量小时，对企业利润的影响也不大。

4）工程内容做法说明不太清楚的项目或有漏洞的地方，其单价可报低一些，有利于降低工程总造价和进行工程索赔。

5）暂定项目，又称为任意项目或选择项目，对这类项目要具体分析。

① 业主规定了暂定项目工程量的分项内容和暂定总价款，并规定所有投标人都必须在总报价中加入这笔固定金额，但由于分项工程量报价不准确，允许按投标人所报单价和实际完成的工程量付款。

② 业主列出了暂定项目工程量的数量，但没有限制这些工程量的估价总价款，要求投标人既列出单价，也按暂定项目工程量的数量计算总价，结算付款时可按实际完成的工程量和所报单价支付。

③ 只有暂定项目的一笔固定金额，将来这笔金额的用途是什么，由业主确定。

第①种情况，由于暂定总价款是固定的，对各投标人总报价的竞争力没有任何影响。因此，投标时应当将暂定项目工程量的单价适当提高。这样做，既不会因后续工程量变更而吃亏，也不会削弱投标报价的竞争力。

第②种情况，投标人必须慎重考虑。如果将单价定高，同其他工程量计价一样，将会增大总报价，影响投标报价的竞争力；如果将单价定低，后续这类工程量增大，会影响收益。一般来说，这类工程量可以采用正常的价格。如果投标人估计后续实际工程量肯定会增大，则可适当提高单价，使获得的额外收益增加。

第③种情况对投标竞争没有实际意义，按招标文件要求将规定的暂定项目工程款列入总报价即可。

对暂定项目进行报价时，也要考虑这类项目开工后是否实施以及由哪家承包商实施，这些是由业主决定的。如果工程不分标，不会由另一家承包商施工，则其中确定要做的工程的工程单价可报高些。如果工程分标，该暂定项目可能由其他承包商施工时，则不宜报高价，以免抬高总报价。

采用不平衡报价法最终的结果应该是两个方面：一方面是报价时高时低、互相抵消，在总价中看不出来。另一方面是履约时的工程量少，完成的也少，单价调低时，损失也就降到最低；工程量多，完成的也多，单价调高时，承包商便能获取较大的利润。所以，对于投标人来说，总体利润多、损失小，合起来还是盈利的。但是不平衡报价法也有相应的风险，取决于投标人的判断和决策是否正确。因此，在运用不平衡报价法时要注意以下事项：

1）不平衡报价法的应用一定要建立在对工程量仔细核算的基础之上。如对于前述的第①、第②种情况，如果实际工程量小于工程量表中的数量，则不能盲目抬高单价；对于单价报低的项目，如果实施过程中工程量大幅增加，将对承包商造成重大损失。因此，要具体分析后再定报价，而且"不平衡"要控制在合理幅度内，一般为 8% ～ 10%。

2）注意避免各项目的报价畸高畸低，否则有可能失去中标机会。单价的不平衡要注意尺度，不应该成倍地偏离正常的价格，否则可能会被评标专家判为废标，甚至被列入禁止投标的黑名单，那就得不偿失了。一般情况下，在正常价格的基础上浮动 10% 左右的幅度，业主是可以接受的。

不平衡报价法的应用见表 3-1。

表 3-1　不平衡报价法的应用

序号	应用情况	变动趋势	不平衡结果
1	资金收入的时间	早	单价高
		晚	单价低
2	清单工程量不准确	需要增加	单价高
		需要减少	单价低
3	报价图纸不明确	可能增加工程量	单价高
		可能减少工程量	单价低
4	暂定工程	自己承包的可能性高	单价高
		自己承包的可能性低	单价低
5	单价和包干混合制项目	固定包干价格项目	单价高
		单价项目	单价低
6	单价分析表	人工费和机械费	单价高
		材料费	单价低
7	议标时招标人要求压低单价	工程量大的项目	单价小幅度降低
		工程量小的项目	单价较大幅度降低
8	工程量不明确时报单价的项目	没有工程量	单价高
		有假定的工程量	单价适中

3. 零星用工（计日工）报价法

零星用工一般可稍高于工程单价表中的工资单价，之所以这样做是因为零星用工不属于承包合同价内的范围，发生时实报实销，可使投标人获得较高的收益。

4. 多方案报价法

多方案报价法是指对同一个招标项目，除了按招标文件的要求编制一个投标报价以外，还编制一个或几个方案。

投标人决定采用多方案报价法，通常主要有以下两种情况：

1）如果项目范围不是很明确，条款不清楚或很不公正，或技术规范要求过于苛刻时，往往使投标人承担较大风险。为了减少风险，就必须扩大工程报价，增加不可预见费，但这样做又会因报价过高而增加被淘汰的可能性。因此，投标人可先按招标文件中的合同条款报一个价，然后再说明假如招标人对技术文件或合同条款做某些改变时，报价可降低多少，以吸引业主；或是对项目中的一部分没有把握的工作，注明该部分使用成本加酬金的计价方法结算，其余部分再报一个总价。

2）如果发现设计图中存在某些不合理并可以改进的地方或可以利用某项新技术、新工艺、新材料替代的地方，或者发现自己的技术和设备满足不了设计图的要求时，投标人可以先按设计图的要求报一个价，然后再另附一个修改设计的比较方案，或说明在修改设计的情况下，报价可降低多少。这种方法通常也称为修改设计法。

如果可以进行多方案报价，投标人应组织一批有经验的设计工程师和施工工程师，对原招标文件的设计和技术方案进行仔细研究，提出更合理的方案以吸引业主。制订备选方案时要具体问题具体分析，要深入现场调查研究，集思广益，选定最佳的备选方案。要从安全、质量、经济、技术和工期的角度对备选方案进行综合分析比较，使最终选定的备选方案在满足招标人要求的前提下，达到效益最佳的目的，以促成自己的备选方案中标。这种新的备选方案必须有一定的优势，如可以降低总造价，或可提前竣工，采用新技术、新工艺、新材料，工程整体质量提高或使工程运作更合理。但要注意的是，原方案与备选方案的报价都需要按招标文件提出的具体要求进行，以供业主比较。

增加备选方案时，不要将方案写得太具体，要保留方案的关键技术，以防止业主将此方案交给其他承包商实施。备选方案一定要成熟，或过去有这方面的实践经验。因为投标的准备时间不长，如果仅为中标而匆忙提出一些没有把握的备选方案，很可能会留下许多隐患。

注意，如果招标文件明确表示不接受多方案报价时，或政府工程合同的方案不允许改动时，应放弃多方案报价法。

5. 先亏后盈报价法

先亏后盈报价法是一种无利润甚至亏损的报价法，它可以看作是战略上的"钓鱼法"，一般分为两种情况：一种情况是承包商为了占领某一市场，或为了在某一地区打开局面，不惜代价只求中标，先亏是为了占领市场，当打开局面后，就会带来更多的盈利；另一种情况是在大型分期建设项目的系列招标活动中，承包商先以低价甚至亏本争取到小项目或先期项目，然后再利用由此形成的经验、临时设施，以及创立的信誉等竞争优势，利用大项目或二期项目的中标收入来弥补先期项目的亏损并赢得利润。

采取这种报价法的投标人必须具有较好的资信条件，提出的施工方案要先进可行，并且投标书要做到"全面响应"。与此同时，投标人要加强对公司优势的宣传力度，让招标人对拟订的施工方案感到满意，并且认为投标书中的工期、质量、环保等措施切实可行。否则，即使报价再低，招标人也不一定选用；相反，招标人还会认为投标书存在着重大缺陷。注意，投标人应注意分析获得二期项目的可能性，若开发前景不好、后续资金来源不明确、实施二期项目遥遥无期时，不宜考虑采用先亏后盈报价法。

6. 突然降价法

突然降价法是指为了迷惑竞争对手而采用的一种竞争方法。报价是一件保密的工作，但是竞争对手往往会通过各种渠道、手段来刺探情况，因此在报价时可以采取迷惑对方的做法。通常的做法是，在准备投标报价的过程中有意散布一些虚假情报，如按一般情况报价或报较高的价格，或打算弃标等，以表现出自己对该项目兴趣不大；然后在临近投标截止时间突然前往投标，并降低报价，以期战胜竞争对手。

采用这种方法时，要注意以下两点：一是在编制初步的投标报价时，对基础数据要进行有效的安全保护，同时将假消息透露给通过各种渠道、采取各种手段来刺探情况的竞争对手；二是在准备投标报价时，预算工程师和决策人一定要充分地分析各细目的单价，考虑好降价的细目，并计算出降价的幅度，在临近投标截止时间，根据情报信息与分析判断，再做出最后决策。这种方法隐真示假智胜对手，强调的是时间效应。

3.4 投标文件的编制

应用案例

　　某施工单位准备参加某项目施工投标，由于自己公司没有人会编制投标文件，便委托了某招（投）标代理公司来编制。该代理公司由于业务繁忙，采取了应付了事的做法，将以前用过的一个投标文件稍加修改便交给施工单位去投标了。由于该投标文件错误百出，出现了很多没有响应招标文件要求的问题，导致投标无效。

　　【引导问题】

　　（1）该施工单位的做法是否恰当？为什么？

　　（2）不响应招标文件的条款，会造成哪些后果？

知识导入

一、投标文件的构成

　　《中华人民共和国招标投标法》明确规定，投标人应当按照招标文件的要求编制投标文件。投标文件应当对招标文件提出的实质性要求和条件做出响应。招标项目属于建设施工的，投标文件的内容应当包括拟派出的项目负责人与主要技术人员的简历、业绩和拟用于完成招标项目的机械设备等。对于工程施工、货物和服务，因招标的要求相差较大，投标文件的组成也各异。

1. 工程施工投标文件的组成

　　《工程建设项目施工招标投标办法》规定，投标文件一般包括投标函、投标报价、施工组织设计、商务和技术偏差表。工程施工的复杂性决定了工程施工投标文件的复杂性。工程施工投标文件应包括下列内容：

　　1）投标函及投标函附录。

　　2）法定代表人身份证明或附有法定代表人身份证明的授权委托书。

　　3）联合体协议书（如果有就提供）。

　　4）投标保证金。

　　5）已标价工程量清单。

　　6）施工组织设计。

　　7）项目管理机构。

　　8）拟分包项目情况表。

　　9）资格审查资料。

　　10）投标人须知前附表规定的其他材料。

2. 工程货物投标文件的组成

　　工程货物投标文件一般包括下列内容：

　　1）投标函。

2）投标一览表。

3）技术性能参数的详细描述。

4）商务和技术偏差表。

5）投标保证金。

6）有关资格证明文件。

7）招标文件要求的其他内容。

3. 工程服务投标文件的组成

工程服务包括勘察、设计、工程监理等。以工程监理为例，工程服务投标文件应包括下列内容：

（1）资格审查申请书

资格审查申请书包括下列内容：

1）法定代表人身份证明或附有法定代表人身份证明的授权委托书（授权委托时附专职投标员身份识别卡复印件）。

2）投标人营业执照副本复印件。

3）投标人资质等级证书副本复印件。

4）总监理工程师注册执业证书复印件。

5）投标保证金收据的复印件、转账底单（加盖公章）复印件、投标人基本账户开户许可证复印件。

6）外地企业须提供"外地驻 ×× 登记备案证明材料"复印件。

7）资格审查需要提交的其他材料。

（2）技术建议书

技术建议书包括下列内容：

1）投标人资料。

2）监理工作大纲。

3）信誉分所需证明材料。

（3）财务建议书

财务建议书包括下列内容：

1）投标函。

2）监理服务费报价分析表。

（4）×× 市建设工程质量安全监督登记表

此表一式五份，单独装订。

二、投标文件编制的原则和步骤

1. 编制投标文件时应体现的原则

1）依法投标、诚实信用原则。应严格按照《中华人民共和国招标投标法》《工程建设项目施工招标投标办法》等法律法规及规定的要求编制投标文件，坚持诚实信用原则，投标文件中提供的数据要准确、可靠，做出的承诺要履行。

2）对招标文件做出实质性响应的原则。投标文件不论是形式还是内容，都必须满足招标文件的要求。投标文件应按照招标文件中规定的格式进行编写，并对招标文件中有关工期、投标有效期、质量要求、技术标准和要求、招标范围等内容做出实质性响应。

3）运用和发挥投标技巧与策略的原则。投标文件的编制应从实际出发，在依法投标的前提下，可以充分运用和发挥投标的技巧与策略。

2. 编制投标文件的一般步骤

1）编制投标文件的准备工作如下：

① 组织投标班子，确定投标文件编制人员。

② 仔细阅读招标文件，对招标文件、图纸等有不清楚、不理解的地方，应及时用书面形式向招标人询问、澄清。

③ 参加招标人组织的现场踏勘和投标预备会。

④ 收集现行定额标准、取费标准及各类标准图集，并掌握政策性调价文件。

⑤ 调查当地的材料供应和价格情况。

2）实质性响应条款的编制，包括对合同主要条款的响应、对提供资质证明的响应、对采用的技术规范的响应等。

3）结合图纸和现场踏勘情况，复核、计算工程量。

4）根据招标文件及工程技术规范的要求，结合项目施工现场条件编制施工组织设计和投标报价。

5）仔细核对、装订成册，并按招标文件的要求进行密封和标记。

3. 投标文件编制注意事项

1）投标人编制投标文件必须使用招标文件提供的表格格式，重要的项目或数字（如工期、质量等级、价格等）未填写的，将被作为废标。

2）编制的投标文件正本只有一份，副本则按招标文件中要求的份数提供，同时要标明"投标文件正本""投标文件副本"字样。

3）全套投标文件书写应清晰，应无修改和行间插字。如有修改，修改处应由投标文件签字人签字证明并加盖印章。

4）所有投标文件均由投标人的法定代表人签署、加盖印章，并加盖法人单位公章。

5）填报的投标文件应反复校核，保证分项计算和汇总计算均无错误。

6）如招标文件规定投标保证金为合同总价的某个百分率时，开具投标保函不要太早，以防泄露报价。但投标人提前示出并故意加大保函金额，以麻痹竞争对手的情况也是存在的。

7）投标文件应严格按照招标文件的要求进行分装和密封。

8）认真对待招标文件中关于废标的条件，以免被判为废标而使投标前功尽弃。

三、投标文件的修改与撤回

投标文件的修改是指投标人对投标文件中遗漏和不足的部分进行增补，对已有的内容进行修订。投标文件的撤回是指投标人收回全部投标文件，或放弃投标，或以新的投标文件重新投标。

投标人可以修改和撤回已递交的投标文件，但必须在投标文件递交截止时间之前进行，并书面通知招标人。书面通知应按照规定的要求签字或盖章。招标人收到书面通知后，向投标人出具签收凭证。

修改的内容为投标文件的组成部分，修改的投标文件应按照规定进行编制、密封、标记和递交，并标明"修改"字样。

投标文件递交截止时间之后至投标有效期满之前，投标人对投标文件的任何补充、修改，招标人不予接受；撤回投标文件的，投标人会被没收投标保证金。

四、投标文件的密封与标记

投标文件的资格审查申请书单独包封；商务标、技术标、电子文件光盘（或其他规定的电子文件载体）分别密封在 3 个内层投标文件密封袋中，再密封在同一个外层投标文件密封袋中。

投标文件的封套上应清楚地标记"正本"或"副本"字样，封套上应写明规定的其他内容。未按规定要求密封和加写标记的投标文件，招标人不予受理。

五、投标文件的送达与签收

（1）递交投标文件注意事项

1）投标文件的递交截止时间。招标文件中通常会明确规定投标文件的递交截止时间，投标文件必须在招标文件规定的递交截止时间之前送达。

2）投标文件的送达方式。投标人递送投标文件的方式可以是直接送达，即投标人派授权代表直接将投标文件按照规定的时间和地点送达；也可以通过邮寄方式送达。邮寄方式送达应以招标人实际收到的时间为准，而不是"以邮戳为准"。

3）投标文件的送达地点。投标人应严格按照招标文件规定的地址送达，特别是采用邮寄送达方式时更应注意。投标人因为送达地点错误而逾期送达投标文件的，将被招标人拒绝接收。

（2）投标文件的签收

投标文件按照招标文件的规定时间送达后，招标人应签收保存。《工程建设项目施工招标投标办法》规定，招标人收到投标文件后，应当向投标人出具标明签收人和签收时间的凭证，开标前任何单位和个人不得开启投标文件。

（3）投标文件的拒收

如果投标文件没有按照招标文件的要求送达，招标人可以拒绝受理。《工程建设项目施工招标投标办法》规定，投标文件有下列情形之一的，招标人不予受理：逾期送达的或者未送达指定地点的；未按照招标文件要求密封的。

课 / 后 / 练 / 习

一、单选题

1. 下列关于资格预审公告、招标公告、招标文件的说法，符合法律规定的是（　　　）。
   A．资格预审结束后必须发布招标公告
   B．招标公告可以代替招标文件
   C．招标公告的内容与资格预审公告的内容一致
   D．招标公告的发布与招标文件的发出同时进行

2．依据《中华人民共和国招标投标法》，项目公开招标的资格预审阶段，在资格预审须知文件中，可以（　　　）。

    A．要求投标人必须组成联合体投标　　　B．对本行业外的投标人提出特别要求

    C．要求必须使用某种品牌的建筑材料　　D．要求严格的专业资质等级

3．根据国家相关法律规定，下列关于投标保证金的说法正确的是（　　　）。

    A．投标保证金只能以保函形式提交

    B．投标保证金的保证范围可以由招标人在招标文件中规定

    C．投标保证金在中标通知书到达中标人之日生效

    D．投标保证金即定金

4．下列关于投标有效期的说法中，正确的是（　　　）。

    A．招标人延长投标有效期，应以书面形式通知投标人，该通知送达时投标有效期即获得延长

    B．招标人延长投标有效期，应当延长投标截止时间

    C．投标有效期内，投标文件对招标人和投标人具有合同约束力

    D．投标有效期自投标人递交投标文件截止之日起计算

5．若业主拟订的合同条件过于苛刻，为了使业主修改合同，可准备"两个报价"，并阐明，若按原合同规定，投标报价为某一数值，倘若合同作某些修改时，则投标报价为另一数值，即比前一数值的报价低一定的数额，以此吸引对方修改合同。但必须先报按招标文件要求估算的价格而不能只报备选方案的价格，否则可能会被当作"废标"来处理，此种报价方法称为（　　　）。

    A．不平衡报价法　　　　　　　　　　　B．多方案报价法

    C．突然降价法　　　　　　　　　　　　D．低报价法

6．当一个项目的总报价基本确定后，通过调整内部各个项目的报价，以期既不提高报价，不影响中标，又能在结算时得到较为理想的经济效益，这种报价技巧称为（　　　）。

    A．根据中标项目的不同特点采用不同报价法

    B．多方案报价法

    C．先亏后盈报价法

    D．不平衡报价法

二、多选题

1．施工项目招标中，投标文件在初评阶段就予以淘汰的情形有（　　　）。

    A．未按招标文件的要求予以密封的

    B．明显不符合技术标准要求的

    C．竣工期限超过招标文件要求的完成期限的

    D．投标报价的大小写金额不一致的

    E．投标报价明显低于市场价格的

2．某需要招标的施工项目，采用综合评分法评标，经评审，甲、乙两投标人的综合排名分别为第一、第二，评标报告中确定了甲、乙为中标候选人，下列关于确定中标人的说法中正确的有（　　　）。

    A．招标人应确定甲为中标人

    B．招标人可以在甲、乙两单位中任选一个中标人

  C．如果甲拒签合同，招标人可确定乙为中标人

  D．如果甲拒签合同，招标人应重新招标

  E．如果甲、乙都拒签合同，招标人可以选择其他投标人为中标人

3．存在下列问题，可以继续评标的情况包括（　　　）。

  A．要求提供投标担保

  B．货物包装方式高于招标文件要求

  C．报价金额同单价与工程量乘积之和的金额不一致

  D．报价金额的大小写不一致

  E．货物检验标准低于招标文件要求

4．通常情况下，下列施工招标项目中应放弃投标的有（　　　）。

  A．本施工企业主管能力和监管能力之外的项目

  B．工程规模、技术要求超过本施工企业资质等级的项目

  C．本施工企业生产任务饱满，而招标工程的盈利水平较低或风险较大

  D．本施工企业技术等级、信誉、施工水平明显不如竞争对手的项目

  E．本施工企业在类似项目施工中信誉非常好的项目

三、思考题

1．投标人应具备哪些条件？

2．投标文件的编制内容有哪些？

3．投标文件的编制原则是什么？

4．常见的投标策略有哪几种？

5．什么是不平衡报价法？如何运用不平衡报价法？

四、案例题

  某工程项目，建设单位通过招标选择了一家具有相应资质的监理单位中标，并在中标通知书发出后与该监理单位签订了监理合同，后双方又签订了一份监理酬金比中标价低 8% 的协议。在施工招标过程中，有 A、B、C、D、E、F、G、H 等施工企业报名投标，经资格预审均符合预审公告的要求，但建设单位以 A 施工企业是外地企业为由，坚持不同意其参加投标。

  问题：

  （1）建设单位与监理单位签订的监理合同是否合法？

  （2）外地施工企业是否有资格参加本工程项目的投标？建设单位的做法是否合理？

单元 4

建设工程开标、评标与定标

思维导图

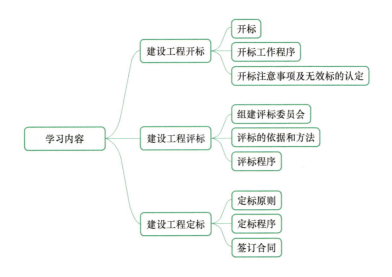

4.1　建设工程开标

某依法必须进行招标的工程施工项目采用资格后审方式组织公开招标，在投标截止时间前，招标人共受理了 5 份投标文件，随后组织有关人员对投标人的资格进行审查，查对有关证明、证件的原件。A 投标人少携带了一个证件的原件，没能通过招标人组织的资格审查，不能进入唱标程序。

唱标过程中发生以下事件：

（1）投标人 B 的投标函上有两个投标报价，招标人要求其确认了其中一个报价后继续唱标。

（2）投标人 C 在投标函上填写的报价，大写与小写不一致，招标人查对了其投标文件中的工程报价汇总表，发现投标函上报价的小写数值与汇总表一致，于是按照其投标函上的小写数值进行了唱标。

开标结束后，投标人 B、C、D、E 都进入了评标程序。

【引导问题】

1. 招标人确定投标人进入开标或唱标阶段的做法是否正确？为什么？如不正确，正确的做法是什么？

2. 招标人在唱标过程中针对所发生事件的处理是否正确？为什么？

知识导入

一、开标

1. 开标的概念

开标是指投标截止后，由招标人主持，按招标文件所规定的时间和地点，开启已提交的投标文件，公开宣布投标人的名称、投标价格及投标文件中的其他主要内容的活动。

2. 开标的时间与地点

《中华人民共和国招标投标法》第三十四条规定，开标应当在招标文件确定的提交投标文件截止时间的同一时间公开进行；开标地点应当为招标文件中预先确定的地点；投标人少于 3 个的，不得开标，招标人应当重新招标。

投标文件递交截止时间即开标时间，一般精确至某年某月某时某分。开标地点预先在招标文件中明确规定，有利于投标人准时参加开标，从而更好地维护其合法利益。建设工程招标的开标地点通常为工程所在地的建设工程交易中心。

（1）招标人在下述情况下可以推迟或暂缓开标

1）招标文件发布后对原招标文件作了变更或补充。

2）开标前发现有影响招标公正情况的不正当行为。

3）出现突发事件等。

（2）开标时间和地点的修改

如果招标人需要修改开标时间和地点，应以书面形式通知所有招标文件的收受人。同时，报工程所在地县级以上地方人民政府建设行政主管部门备案。

3. 开标参与人

开标由招标人主持，邀请所有投标人参加。对于开标参与人，应注意以下几个问题：

（1）开标主持人

开标既可以由招标人主持，也可以委托招标代理机构主持。在实际招标投标活动中，绝大多数委托招标项目的开标是由招标代理机构主持的。

（2）投标人自主决定是否参加开标

招标人邀请所有投标人参加开标是法定的义务，投标人自主决定是否参加开标是法定的权利。

（3）其他依法可以参加开标的人员

根据项目的不同情况，招标人可以邀请投标人以外的其他相关人员参加开标。根据《中华人民共和国招标投标法》第三十六条的规定，招标人可以委托公证机构对开标情况进行公证。

开标过程中，招标人还应安排有关工作人员作为开标人、唱标人、记录人等。开标人一般为招标人或招标代理机构的工作人员，唱标人可以是投标人的代表或者招标人或招标代理机构的工作人员，记录人由招标人指派。

要注意的是，评标委员会成员不应参加开标，因为《中华人民共和国招标投标法》明确规定，评标委员会成员的名单在中标结果确定前应当保密。如果评标委员会成员参加开标，会造成评标委员会名单的提前泄露，可能会影响评标的公正性。

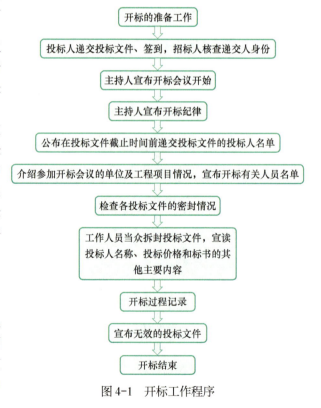

图 4-1　开标工作程序

二、开标工作程序

开标是招标人、投标人和招标代理机构等共同参与的一项重要活动，是工程招（投）标活动的决定性时刻，应按照一定的工作程序进行。开标工作程序如图 4-1 所示。

1. 出席开标会议的代表签到

在投标文件递交时间截止前，投标人授权出席开标会议的代表本人在递交投标文件后，填写开标会议签到表，出席开标会议。招标工作人员负责核对签到人身份，签到人不是法定代表人的，应出示法人授权委托书，信息应与签到的内容一致。出席开标会议的监标人、公证人等也应在开标会议前出示证件并签到。

2. 投标文件的接收

招标人应当安排专人，在招标文件指定的投标文件送达地点接收投标人递交的投标文件（包括投标保证金），详细记录投标文件的送达人、送达时间、份数、包装密封情况、标识情况等；经投标人确认后，出具投标文件和投标保证金的接收凭证。

投标文件密封不符合招标文件要求的，招标人不予受理。在投标截止时间前，应当允许投标人在投标文件接收场地之外自行更正、修补。在投标截止时间后递交的投标文件，招标人应当拒绝接收。

至投标截止时间提交投标文件的投标人少于 3 家的，不得开标，招标人应将接收的投标文件原封退回投标人，并依法重新组织招标。

3. 主持人宣布开标会议开始，并宣布开标会议纪律、开标会议程序和拒绝投标的规定

（1）宣布开标会议纪律

开标会议纪律一般包括：①场内严禁吸烟；②与开标无关人员不得进入开标会场；③参加会议的所有人员应关闭通信工具，开标期间不得喧哗；④投标人代表有疑问应举手发言；⑤参加会议人员未经主持人同意不得在场内随意走动。

（2）拒绝投标的规定

投标文件有下列情形之一的，招标人应当拒收：①逾期送达；②未按招标文件要求密封。

4. 招标人再次确认参加开标会议的投标人

招标人公布在投标截止时间前递交投标文件的投标人名称，并点名再次确认投标人是否派人到场。

5. 确定并介绍出席开标会议的有关人员

主持人介绍出席开标会议的开标人、唱标人、记录人、监标人等有关人员姓名。

6. 主持人介绍招标情况

主持人介绍招标文件、补充文件或答疑文件的组成和发放情况，可以同时强调主要条款和招标文件中的实质性要求。

7. 检查投标文件密封情况

主持人邀请投标人按照投标人须知前附表的规定检查投标文件的密封情况。密封不符合招标文件要求的投标文件，应当场宣布拒绝其投标，不得进入评标。

8. 主持人宣布开标和唱标顺序

一般按投标人递交投标文件的签到顺序开标和唱标。如果是设有标底的工程招标项目，还应公布标底。

9. 按顺序依次开标并唱标

开标人在监督人员及与会代表的监督下当众开标，检查投标文件的组成情况并记入开标会议记录，然后将需要唱标的文件交唱标人进行唱标。唱标内容一般包括投标报价、工期、质量标准、质量奖项等方面的承诺、替代方案报价、投标保证金、主要人员等。在递交投标文件截止时间前收到投标人撤回其投标的书面通知的投标文件，不再唱标，但须在开标会议上说明。

10. 各方在开标会议记录表上签字确认

投标人代表、招标人代表、监标人、记录人等有关人员应在开标会议记录表上签字确认。

开标会议记录表应当如实记录开标过程中的重要事项，包括开标时间、唱标记录等，有公证人员出席会议并进行公证的还应记录公证结果。投标人的授权代表应当在开标会议记录表上签字确认，对记录内容有异议的可以注明，但必须对没有异议的部分签字确认。

11. 主持人宣布开标会议结束

各方代表在开标会议记录表上签字确认后，主持人宣布开标会议结束，工作人员将投标文件、开标会议记录表等送封闭评标区交给评标委员会，或封存后待评标委员会成员到齐后交给评标委员会。

三、开标注意事项及无效标的认定

1. 开标注意事项

1）如果开标时投标人少于 3 个，则不能开标，要重新招标。

2）对于开标时投标人未能参加开标会议的情形，招标人不应认为其投标文件是无效的，但投标人必须承认开标的结果。

3）在投标截止时间前，投标人书面通知招标人撤回其投标的，其投标文件无须进入开标程序。

4）应依据投标函及投标函附录（正本）唱标，其中投标报价以大写金额为准。

5）开标过程中，投标人对唱标记录提出异议的，开标工作人员应立即核对投标函及投标函附录（正本）的内容与唱标记录，并决定是否应该调整唱标记录。

6）在开标会议上既不允许投标人对投标文件作任何修改或者说明，也不允许投标人提任何问题，招标人对投标人提出的问题可以不做任何解答。招标人不应在开标现场对投标文件是否有效做出判断和决定，应递交评标委员会评定。

2. 无效标的认定

在开标时，如果发现投标文件出现下述情形之一的，应当认定为无效标，不进入评标阶段：

1）投标文件未按照招标文件的要求予以标识、密封、盖章。

2）投标文件中的投标函未加盖投标人的企业印章及企业法定代表人印章，或企业法定代表人委托代理人没有合法、有效的委托书（原件）及委托代理人印章。

3）投标文件未按照招标文件规定的格式、内容和要求填报，投标文件的关键内容字迹模糊、无法辨认。

4.2　建设工程评标

应用案例

　　某工程采用公开招标方式，招标文件规定的投标截止时间为 2023 年 6 月 16 日上午 9 时，在投标截止时间之前，A、C、D、E 四家企业提交了投标文件，B 企业于 6 月 16 日上午 10 时才送达，原因是中途堵车。6 月 17 日上午，由当地招（投）标监督管理办公室主持进行了公开开标。评标委员会成员共由 7 人组成，其中 D 公司副经理 1 人，E 公司总经理 1 人，业主代表 1 人，技术经济方面专家 4 人。评标委员会于 6 月 20 日提出了评标报告，C、A 企业分别综合得分第一、第二名。招标人考虑 C 企业投标报价高于 A 企业，要求评标委员会按照投标价格标准将 A 企业排名第一，C 企业排名第二。6 月 30 日，招标人向 A 企业发出了中标通知书，并于 8 月 12 日签订了书面合同。

【引导问题】

1. B 企业投标文件是否有效？并说明理由。
2. 请指出评标工作的不妥之处，并说明理由。
3. 请指出评标委员会成员组成的不妥之处，并说明理由。
4. 招标人要求按照价格标准评标是否违规？并说明理由。
5. 合同签订的日期是否违规？并说明理由。

知识导入

　　评标是指招标投标活动中，由招标人依法组建的评标委员会，根据法律规定和招标文件确定的评标方法与具体评标标准，对开标过程中所有的经过拆封并唱标的投标文件进行评审，并根据评审过程出具评标报告，向招标人推荐中标候选人，或者根据招标人的授权直接确定中标人的过程。对评标原则、评标程序和编写评标报告的要求，以及推荐中标候选人的原则等，可参考招标投标相关法律法规。

一、组建评标委员会

1. 评标委员会的组成

　　评标工作由招标人依法组建的评标委员会负责。评标委员会由招标人或其委托的招标代理机构熟悉相关业务的代表，以及有关技术、经济等方面的专家组成，成员人数为 5 人以上单数，其中技术、经济等方面的专家人数不得少于成员总数的 2/3。

　　《评标委员会和评标方法暂行规定》第十一条规定，评标专家应符合下列条件：

1）从事相关专业领域工作满 8 年并具有高级职称或者同等专业水平。
2）熟悉有关招标投标的法律法规，并具有与招标项目相关的实践经验。
3）能够认真、公正、诚实、廉洁地履行职责。

　　评标委员会设负责人的，评标委员会负责人由评标委员会成员推举产生或者由招标人确定。

评标委员会负责人与评标委员会的其他成员有同等的表决权，负责协调、组织评标委员会成员开展评标工作。

2. 评标委员会专家的确定

评标委员会专家由招标人从评标专家库内相关专业的专家名单中以随机抽取方式确定，任何单位和个人不得以明示、暗示等任何方式指定或者变相指定参加评标委员会的专家成员。技术特别复杂、专业性要求特别高或者国家有特殊要求的招标项目，由上述方式确定的专家成员难以胜任的，可以由招标人直接确定。

3. 评标委员会成员的回避制度

《中华人民共和国招标投标法》规定，与投标人有利害关系的专家不得进入相关工程的评标委员会，已经进入的应当更换。《评标委员会和评标方法暂行规定》进一步规定，有下列情形之一的，不得担任评标委员会成员，应当主动回避：

1）投标人或者投标人主要负责人的近亲属。

2）项目主管部门或者行政监督部门的人员。

3）与投标人有经济利益关系，可能影响对投标公正评审的。

4）曾因在招标、评标以及其他与招标投标有关活动中从事违法行为而受过行政处罚或刑事处罚的。

4. 评标委员会的保密义务和评标的工作要求

评标委员会成员名单一般应于开标前确定。评标委员会成员名单在中标结果确定前应当保密，以防止有些投标人对评标委员会成员采取行贿等手段，以谋取中标。评标委员会成员及与评标活动有关的工作人员不得透露对投标文件的评审和比较情况、中标候选人的推荐情况以及与评标有关的其他任何信息。

评标委员会成员应当客观、公正地履行职责，遵守职业道德，对所提出的评审意见承担个人责任。评标委员会成员不得与任何投标人或者与招标结果有利害关系的人进行接触，不得收受投标人、中介人、其他利害关系人的财物或者其他好处，不得向招标人征询其确定中标人的意向，不得接受任何单位或者个人明示或者暗示提出的倾向或者排斥特定投标人的要求，不得有其他不客观、不公正履行职务的行为。

二、评标的原则

（1）公平原则

公平原则是指根据招标文件规定的评标标准和评标办法进行评标，对投标文件进行系统的评审和比较。没有在招标文件中规定的评标标准和评标办法，不得作为评标的依据。招标文件规定的评标标准和评标办法应当合理，不得含有倾向或者排斥潜在投标人的内容，不得妨碍或限制投标人之间的竞争。对所有投标人应一视同仁，保证投标人在平等的基础上公平竞争。

（2）公正原则

公正原则是指评标委员会成员具有公正之心，评标要客观、公正、全面，不倾向或排斥某一投标人。这就要求评标委员会成员不为私利，坚持实事求是的原则，不唯利是从。要坚持公正原则，必须做到以下几点：

1）培养良好的职业道德，不为私利而违心地处理问题。

2）要坚持实事求是的原则，不唯上级或某些方面的意见而是从。

3）要提高综合分析能力，不断提高自己的专业技能，能熟练运用招标文件和投标文件中的有关条款，以便以招标文件和投标文件为依据，客观、公正地综合评标。

4）评标过程应当保密。有关投标文件的审查、澄清、评比和比较的信息，授予合同的信息等不得向无关人员泄露。

（3）科学原则

科学原则中的"科学"是指评标工作要依据科学的方案，要运用科学的手段，要采取科学的方法。对于每一个项目的评价要有可靠的依据，一切用数据说话，做出科学、合理的综合评价。

（4）择优原则

择优原则是指用科学的方法与手段，从众多投标文件中选择最优的方案。评标时，评标委员会应全面分析、审查、澄清、评价和比较投标文件，防止"重价格、轻技术"或"重技术、轻价格"的现象，对商务标和技术标应科学合理地选择评标细则。

三、评标的依据和方法

1. 评标的依据

评标委员会成员评标的依据如下：

1）招标文件。

2）开标会议纪要。

3）评标、定标的办法及细则。

4）标底（招标控制价）。

5）投标文件。

6）其他有关资料。

2. 评标的方法

评标的方法是指评审和比选投标文件，判断哪些投标文件更符合招标文件要求的方法。

（1）经评审的最低投标价法

经评审的最低投标价法是指对符合招标文件规定的、满足招标文件实质性要求的投标文件，根据招标文件规定的量化因素及量化标准进行价格折算，按照经评审的投标价由低到高的顺序推荐中标候选人，或根据招标人授权直接确定中标人，但投标报价低于成本的除外。经评审的投标价相等时，投标报价低的优先；投标报价也相等的，由招标人自行确定。

1）适用情况。经评审的最低投标价法一般适用于具有通用技术及性能标准，或者招标人对其技术、性能没有特殊要求的招标项目。该方法的优点：能最大限度地降低工程造价，节约建设投资；有利于促使施工企业加强管理，注重技术进步和淘汰落后技术；可以遏制腐败现象，减少人为因素干扰，规范市场行为。

2）评标程序及原则。

① 评标委员会根据招标文件中评标办法的规定对投标人的投标文件进行初步评审，有一项不符合评审标准的，作废标处理。经评审的最低投标价法的初步评审内容和标准可参考《标准施工招标文件》（2007 年版）。

② 采用经评审的最低投标价法评标时，评标委员会应当根据招标文件中规定的评标价格调整方法，对所有投标人的投标报价以及投标文件的商务部分作必要的价格调整；中标人的投标文件应当符合招标文件规定的技术要求和标准，但评标委员会无需对投标文件的技术部分进行价格折算。

评标委员会发现投标人的报价明显低于其他投标报价，或者在设有标底时明显低于标底，使其投标报价可能低于其成本的，应当要求该投标人做出书面说明并提供相应的证明材料。投标人不能合理说明或者不能提供相应证明材料的，由评标委员会认定该投标人以低于成本报价竞标，其投标作废标处理。

③ 根据经评审的最低投标价法完成详细评审后，评标委员会应当拟订一份标价比较表，连同书面评标报告提交给招标人。标价比较表应当注明投标人的投标报价、对商务偏差的价格调整和说明，以及经评审的最终投标价。

④ 除招标文件中授权评标委员会直接确定中标人外，评标委员会应按照经评审的投标价由低到高的顺序推荐中标候选人。

例 4-1

某段公路工程投资 1200 万元，经咨询公司测算的标底为 1200 万元，计划工期为 300 天。现有甲、乙、丙 3 家企业的报价、工期及质量目标见表 4-1。招标文件规定，该项目采用经评审的最低投标价法进行评标，评标时应考虑如下评标因素：①工期每提前 1 天为业主带来 2.5 万元的预期效益；②工程验收时质量达到优良的，为业主带来 20 万元的收益。请计算经评审的投标价，并确定排名第一的中标候选人。

表 4-1 甲、乙、丙 3 家企业的报价、工期及质量目标

企业名称	报价/万元	工期/天	质量目标	经评审的投标价/万元
甲	1000	260	优良	880
乙	1100	200	合格	850
丙	800	310	优良	805

【解析】计算各家经评审的投标价：

甲：1000 万元+（260-300）×2.5 万元+（-20）万元 =880 万元

乙：1100 万元+（200-300）×2.5 万元+0 万元 =850 万元

丙：800 万元+（310-300）×2.5 万元+（-20）万元 =805 万元

综合考虑报价、工期和质量目标，上述 3 家企业中丙企业报价最低，但工期已经超过了计划工期，属于重大偏差，因此不予考虑；甲企业报价虽比乙企业低，但综合评审各因素后，乙企业较甲企业的经评审的投标价更低，因此最后选定乙企业为中标候选人。

【案例分析】

本案例说明，工程报价最低并不是经评审的投标价最低。在评审时，要将所有的实质性要求，如工期、质量等因素综合考虑到评审价格中。如工期提前可能为投资者节约各种利息，项目提前投入使用可及早回收建设资金，创造经济效益。因此，招标人要合理确定利用经评审的最低投标价法的具体操作步骤和价格因素，使评标更加科学、合理。

（2）综合评估法

综合评估法是对价格、施工组织设计（或施工方案）、项目经理的资历和业绩、质量、工期、投标人的信誉和业绩等各方面因素进行综合评价，从而确定中标人的评标方法。

综合评估法按分析方式的不同，可分为定性综合评估法和定量综合评估法。

1）定性综合评估法（评估法）。定性综合评估法又称评估法，通常的做法是，由评标委员会对工程报价、工期、质量、施工组织设计、主要材料消耗、安全保障措施、投标人的业绩与信誉等评审指标，分项进行定性的比较分析，经评估后选出被大多数评标委员会成员认为各项条件都比较优良的投标人作为中标人，也可用记名或无记名投票表决的方式确定中标人。定性综合评估法的特点是不量化各项评审指标，是一种定性的优选法。采用定性综合评估法时，一般要按从优到劣的顺序对各投标人排列名次，排序第一名的即为中标人。

采用定性综合评估法，有利于评标委员会成员之间的直接对话和交流，能充分反映不同意见，在广泛深入地开展讨论、分析的基础上，集中大多数人的意见，一般比较简单易行。但这种方法的评估标准弹性较大，衡量的尺度不具体，各人的理解可能会相去甚远，造成评标意见差距过大，会使评标决策左右为难，不能让人信服。

2）定量综合评估法（打分法、百分制计分评估法）。定量综合评估法又称打分法、百分制计分评估法，通常的做法是，预先在招标文件或评标办法中对评标的内容进行分类，形成若干评审因素，并确定各项评审因素所占的比例和评分标准，开标后由评标委员会中的每位成员按照评分规则，采用无记名方式打分，最后统计投标人的得分，得分最高者（排序第一名）或次高者（排序第二名）为中标人。

定量综合评估法的主要特点是量化各评审因素。对各评审因素的量化是一个比较复杂的问题，各地的做法不尽相同。从理论上讲，评审因素指标的设置和评分标准分值的分配，应充分体现投标人的整体素质和综合实力，准确反映公开、公平、公正原则，使施工质量好、信誉高、价格合理、技术强、方案优的投标人能中标。

例 4-2

某综合楼项目经有关部门批准由业主自行进行工程施工公开招标。该工程有 A、B、C、D、E 共 5 家企业经资格审查合格后参加投标。评标采用综合评估法进行，四项指标及权重为：报价占 0.5，施工组织设计占 0.1，工期占 0.3，业绩与信誉占 0.1，各项指标均以 100 分为满分。报价以所有投标文件中报价最低者为标准值（该项满分），在此基础上，其他各企业的报价比标准值每上升 1% 扣 5 分；工期比计划工期（600 天）提前 15% 为满分，在此基础上每延后 10 天扣 3 分。5 家投标单位的指标见表 4-2。

表 4-2　5 家投标单位的指标

投标单位	报价/万元	施工组织设计/分	工期/天	业绩与信誉/分
A 企业	4080	100	580	95
B 企业	4120	95	530	100
C 企业	4040	100	550	95
D 企业	4160	90	570	95
E 企业	4000	90	600	90

【解析】计算各投标单位的综合得分，并据此确定中标单位。

（1）5家企业报价得分计算。根据评标标准，5家企业中，E企业报价4000万元，报价最低，E企业报价得分为满分100分。则有

A企业报价为4080万元，A企业报价得分：（4080/4000−1）×100%=2%，100分−2×5分=90分。

B企业报价为4120万元，B企业报价得分：（4120/4000−1）×100%=3%，100分−3×5分=85分。

C企业报价为4040万元，C企业报价得分：（4040/4000−1）×100%=1%，100分−1×5分=95分。

D企业报价为4160万元，D企业报价得分：（4160/4000−1）×100%=4%，100分−4×5分=80分。

（2）5家企业工期得分计算。根据评标标准，工期比计划工期（600天）提前15%为满分，即600×（1−15%）天=510天为满分，则有

A企业工期为580天，A企业工期得分：100分−[（580−510）/10）×3分=79分

B企业工期为530天，B企业工期得分：100分−[（530−510）/10）×3分=94分

C企业工期为550天，C企业工期得分：100分−[（550−510）/10）×3分=88分

D企业工期为570天，D企业工期得分：100分−[（570−510）/10）×3分=82分

E企业工期为600天，E企业工期得分：100分−[（600−510）/10）×3分=73分

（3）5家企业的综合得分如下：

A企业：90×0.5分+79×0.3分+100×0.1分+95×0.1分=88.2分

B企业：85×0.5分+94×0.3分+95×0.1分+100×0.1分=90.2分

C企业：95×0.5分+88×0.3分+100×0.1分+95×0.1分=93.4分

D企业：80×0.5分+82×0.3分+90×0.1分+95×0.1分=83.1分

E企业：100×0.5分+73×0.3分+90×0.1分+90×0.1分=89.9分

根据得分情况，C企业为中标单位。

经评审的最低投标价法与综合评估法的比较见表4-3。

表4-3 经评审的最低投标价法与综合评估法的比较

评标方法	适用范围	内容	中标原则
经评审的最低投标价法	适用于具有通用技术及性能标准，或招标人对其技术、性能没有特殊要求的招标项目	评标委员会应当根据招标文件中规定的评标价格调整方法，对所有投标人的投标报价以及投标文件的商务部分作必要的价格调整；中标人的投标文件应当符合招标文件规定的技术要求和标准，但评标委员会无需对投标文件的技术部分进行价格折算	满足招标文件的实质性要求，并且经评审的最低投标价的投标，应当推荐为中标候选人
综合评估法	适用于技术复杂或技术规格、性能、制作工艺要求难以统一的货物、工程勘察设计的招标项目	应当对投标文件中的工程质量、施工工期、投标价格、施工组织设计或者施工方案、投标人及项目经理的业绩等进行综合评价	能最大限度地满足招标文件中规定的各项综合评价标准的投标，应当推荐为中标候选人

四、评标程序

1. 评标准备

（1）认真研究招标文件

评标委员会成员在评标前首先应研究招标文件，至少应了解和熟悉以下内容：

1）招标的目的。

2）招标项目的范围和性质。

3）招标文件中规定的主要技术要求、标准和商务条款。

4）招标文件规定的评标标准、评标方法和在评标过程中考虑的相关因素。

（2）获得评标所需信息

获得评标所需信息是指从招标人或者招标代理机构获得评标所需的重要信息和数据，如招标文件的修改、澄清等。

（3）编制供评标使用的相应表格

评标使用的表格一般有：初步评审表、符合性鉴定审查表、商务评审表、技术评审表、评标结果汇总表等。

2. 初步评审

初步评审是指评标委员会根据招标文件确定的评标办法，对投标文件进行形式评审、资格评审、响应性评审。

（1）形式评审

形式评审的主要评审内容包括以下几项：

1）投标文件的格式、内容组成（如投标函、法定代表人身份证明、授权委托书等）是否按招标文件规定的格式和内容填写，字迹是否清晰可辨。

2）投标文件提交的各种证件或证明材料是否齐全、有效和一致，包括营业执照、资质证书、相关许可证、相关人员证书、各种业绩证明材料等。

3）投标人名称、经营范围与投标文件中的营业执照、资质证书、相关许可证是否一致。

4）投标文件法定代表人身份证明或法定代表人的代理人是否有效，投标文件的签字、盖章是否符合招标文件规定。如有授权委托书，授权委托书的内容和形式是否符合招标文件的规定。

5）如有联合体投标，应审查联合体投标文件的内容是否符合招标文件的规定，包括联合体协议书、牵头人、联合体成员数量等。

6）投标报价是否唯一。一份投标文件只能有一个投标报价，在招标文件没有规定的情况下，不得提交选择性报价。如果提交了调价函，则应审查调价函是否符合招标文件的规定。

（2）资格评审

资格评审适用于未进行资格预审程序的评标，其主要评审内容如下：

1）营业执照。投标人应具有有效的营业执照，并已参加年审。

2）安全生产许可证。投标人应具备有效的安全生产许可证。

3）资质等级。投标人的资质等级应符合招标文件规定的要求。

4）财务状况。投标人的财务状况应符合招标文件规定的要求。

5）类似项目业绩。投标人的类似项目业绩应符合招标文件规定的要求。

6）信誉。投标人的信誉应符合招标文件规定的要求。

7）项目经理。投标人的项目经理应符合招标文件规定的要求。

8）其他要求。投标人的施工机械设备、项目管理机构及人员应符合招标文件规定的要求。

9）联合体投标。联合体投标的，应符合招标文件对联合体的要求。

（3）响应性评审

响应性评审主要的评审内容如下：

1）投标文件的内容、范围。投标文件的内容和范围应符合招标文件要求，无实质性偏差。

2）项目完成期限。投标文件载明的项目完成期限应符合招标文件规定的时限。

3）项目质量要求。投标文件载明的工程质量目标应满足招标文件的要求。

4）投标有效期。投标文件载明的投标有效期应符合招标文件规定的要求。

5）投标保证金。投标文件载明的投标保证金应符合招标文件规定的要求。

6）投标报价。审查投标文件中全部报价数据的正确性，分析报价构成的合理性，并与招标控制价进行对比分析。

7）技术标准和要求。投标文件中的技术标准应响应招标文件的要求。

投标文件应实质上响应招标文件的所有条款、条件，无显著的差异或保留。这里所说的"显著的差异或保留"包括以下情况：对工程的范围、质量及使用性能产生实质性影响；偏离了招标文件的要求，对合同中规定的招标人的权利或者投标人的义务造成实质性的限制；纠正这种差异或者保留将会对提交了实质性响应招标文件要求的投标文件的其他投标人的竞争地位产生不公正影响。评标委员会应当审查每一份投标文件是否对招标文件提出的所有实质性要求做出了响应。

3. 施工组织设计和项目管理机构评审

当采用经评审的最低投标价法进行评标时，不再对技术标进行详细评审，只对施工组织设计和项目管理机构进行初步评审，主要评审施工方案与技术措施、质量管理体系与措施、安全管理体系与措施、环境保护管理体系与措施、工程进度计划与措施、资源配备计划、技术负责人、其他主要人员、施工设备、试验检测仪器设备等是否符合有关标准。

上述初步评审的各项评审因素属于定性评审，投标文件的任何一项因素不符合评审标准的，均会导致投标文件被判为废标，不能进入详细评审。评标委员会应当审查每份投标文件，有以下情形之一的，评标委员会经评审认定后，该投标文件被判为废标：

1）投标文件中的投标承诺书未加盖投标人的公章及企业法定代表人（或委托代理人）印章或签名的，或者企业法定代表人授权的委托代理人没有合法、有效的委托书原件的。

2）未按招标文件要求提供投标保证金的。

3）组成联合体投标，但投标文件未附联合体各方共同投标协议的。

4）未按招标文件规定的格式填写，内容不全或关键字迹模糊、无法辨认的。

5）投标人资格条件不符合国家有关规定或招标文件要求的。

6）投标人名称或组织机构与资格预审时不一致且未提供有效证明的。

7）投标人递交多份内容不同的投标文件，或在一份投标文件中对同一招标项目报有多个报价，且未声明哪一个有效的。按招标文件规定提交备选投标方案的除外。

8）以他人的名义投标、串通投标、以行贿手段谋取中标或者以其他弄虚作假方式投标的。

9）投标报价超过招标文件规定的招标控制价或投标报价低于成本价的。

10）投标文件载明的招标项目完成期限超过招标文件规定期限的。

11）明显不符合技术规范、技术标准要求的。

12）不同投标人的投标文件出现了评标委员会认定雷同的情况的。

13）投标文件载明的货物包装方式、检验标准和方法等不符合招标文件要求的。

14）投标文件附有招标人不能接受的条件的。

15）不按评标委员会要求澄清、说明或补正的。

16）有招（投）标法律法规规定的或本工程招标文件约定的其他废标情形的。

4. 投标文件的澄清、说明或者补正

《评标委员会和评标方法暂行规定》规定，评标委员会可以书面方式要求投标人对投标文件中含义不明确、对同类问题表述不一致或者有明显文字和计算错误的内容作必要的澄清、说明或者补正。澄清、说明或者补正应以书面方式进行，并不得超出投标文件的范围或者改变投标文件的实质性内容。投标文件中的大写金额和小写金额不一致的，以大写金额为准；总价金额与单价金额不一致的，以单价金额为准，但单价金额小数点有明显错误的除外；对不同文字文本投标文件的解释发生异议的，以中文文本为准。

5. 详细评审

详细评审是指在初步评审的基础上，对经初步评审合格的投标文件，按照招标文件确定的评标标准和方法，对其技术部分（技术标）和商务部分（经济标）做进一步审查，评定合理性，并判定如果将合同授予该投标人在履行过程中可能带来的风险；在此基础上，再由评标委员会对各投标文件进行量化比较，从而评定出优劣顺序。

6. 评标报告

评标委员会在完成评标后，应向招标人提出书面的评标结论性报告，并送有关行政监督部门。

（1）评标报告的内容

1）本招标项目的情况和数据表。

2）评标委员会成员名单。

3）开标会议记录。

4）符合要求的投标一览表。

5）废标情况说明。

6）评标标准、评标方法或者评标因素一览表。

7）经评审的价格或者评分比较一览表。

8）经评审的投标人排序。

9）推荐的中标候选人名单与签订合同前要处理的事宜。

10）澄清、说明、补正事项纪要。

（2）评标报告的签署

评标报告由评标委员会全体成员签字。对评标结论持有异议的评标委员会成员可以书面方式阐述其不同意见和理由。评标委员会成员拒绝在评标报告上签字且不陈述其不同意见和理由的，视为同意评标结论。评标报告应按行政监督部门规定的内容和格式填写。

（3）中标候选人

评标委员会推荐的中标候选人应当限定在 1～3 人，并标明排列顺序。

（4）中标候选人公示

中标候选人公示应当注意以下事项：

1）招标人依法确定中标候选人后，应当根据招标文件规定的媒介和发布时间进行公示，接受社会监督。

2）中标候选人公示时间应当按有关规定执行。中标候选人公示期间，投标人和其他利害相关人如对中标结果有异议，可以按照法律法规规定的程序提出异议、质疑或投诉。

4.3 建设工程定标

应用案例

依法进行公开招标的某公路路面工程项目，开标后，招标人依法组建的评标委员会对投标人的投标文件进行了评审，最后确定了 A、B、C 3 家投标人分别为某合同段第一、第二、第三中标候选人。招标人于 2022 年 10 月 28 日向 A 投标人发出了中标通知书，A 中标人于当日确认收到中标通知书。此后，自 10 月 31 日至 11 月 26 日，招标人又与 A 中标人就合同价格进行了多次谈判，于是 A 中标人将价格在正式报价的基础上下浮了 0.5%，最终双方于 12 月 5 日签订了书面合同。

【引导问题】

本案例做法有哪些不妥当之处？请说明理由。

知识导入

定标也称为决标，是指招标人最终确定中标人。除特殊情况外，评标和定标应当在投标有效期结束后 30 个工作日内完成。招标文件应当载明投标有效期，投标有效期从提交投标文件截止日起计算。

一、定标原则

（1）确定中标人的权利归属招标人的原则

评标委员会负责评标工作，但确定中标人的权利归属招标人。

一般情况下，评标委员会只负责推荐中标候选人。招标人可以自己直接确定中标人，也可以授权评标委员会直接确定中标人。

（2）确定中标人的权利受限原则

使用国有资金投资或者国家融资的依法必须进行招标的工程建设项目，招标人只能确定排名第一的中标候选人为中标人。

二、定标程序

1. 评标委员会推荐中标候选人

依法必须招标的工程建设项目，评标委员会推荐的中标候选人应当限定在 1～3 人，并标明排列顺序。

采用经评审的最低投标价法的，按经评审的投标价由低到高的顺序排列。经评审的投标价相同的，按技术指标的优劣顺序排列。

采用综合评估法的，按评审后得分由高到低的顺序排列。得分相同的，按投标报价由低到高的顺序排列；得分相同且投标报价相同的，按技术指标的优劣顺序排列。

2. 招标人自行或者授权评标委员会确定中标人

招标人应当接受评标委员会推荐的中标候选人，不得在评标委员会推荐的中标候选人之外确定中标人。

依法必须进行招标的项目，招标人应当确定排名第一的中标候选人为中标人。排名第一的中标候选人放弃中标，或因不可抗力提出不能履行合同，或者招标文件规定应当提交履约保证金却在规定的期限内未能提交的，招标人可以确定排名第二的中标候选人为中标人。

3. 招标人确定中标人的时限要求

评标和定标应当在投标有效期结束后 30 个工作日内完成。不能在投标有效期结束后 30 个工作日内完成评标和定标的，招标人应当通知所有投标人延长投标有效期。拒绝延长投标有效期的投标人有权收回投标保证金；同意延长投标有效期的投标人应当相应延长其投标担保的有效期，但不得修改投标文件的实质性内容。因延长投标有效期造成投标人损失的，招标人应当给予补偿，但因不可抗力需延长投标有效期的除外。

4. 中标结果公示或者公告

为了体现招标投标公平、公正、公开的原则，且便于社会的监督，确定中标人后，中标结果应当公示或者公告。

各地应当建立中标候选人的公示制度。采用公开招标的，在中标通知书发出前，要将预中标人的情况在该工程项目发布招标公告的同一媒介和建设工程交易中心予以公示，公示的时间最短不少于 2 个工作日。

建设行政主管部门自收到书面报告之日起 5 日内未通知招标人在招标投标活动中有违法行为的，招标人可以向中标人发出中标通知书，并将中标结果通知所有未中标的投标人。

5. 发出中标通知书

公示结束后，招标人应当向中标人发出中标通知书，告知中标人中标的结果，并同时将中标结果通知所有未中标的投标人。

6. 订立合同

中标通知书发出后，招标人与中标人订立合同。订立合同前，中标人应当提交履约担保。

7. 投标保证金的退还

招标人一般应在招标活动结束之后，及时返还投标人的投标保证金，但投标人有招标文件规定投标保证金不予退还的除外。

（1）投标保证金的正常退还

招标人与中标人签订合同后5个工作日内，应当向中标人和未中标的投标人一次性退还投标保证金。

（2）投标保证金不予退还

中标通知书发出后，中标人放弃中标项目的，无正当理由不与招标人签订合同的，在签订合同时向招标人提出附加条件或者更改合同实质性内容的，或者拒不提交所要求的履约保证金的，招标人可取消其中标资格，并没收其投标保证金；给招标人造成的损失超过投标保证金数额的，中标人应当对超过部分予以赔偿；没有提交投标保证金的，应当对招标人的损失承担赔偿责任。

三、发出中标通知书

1. 中标通知书的性质

按照《中华人民共和国民法典》，发出招标公告和投标邀请书是要约邀请，递交投标文件是要约，发出中标通知书是承诺。中标通知书的发出不但是将中标的结果告知投标人，还直接导致了合同的成立。

2. 中标通知书的法律效力

中标通知书发出后，合同在实质上已经成立，中标人放弃中标项目或者招标人改变中标结果，都应当承担违约责任。

（1）中标人放弃中标项目

中标人一旦放弃中标项目，必将给招标人造成损失，如果没有其他中标候选人，招标人一般需要重新招标，完工期限肯定要推迟。即使有其他中标候选人，其他中标候选人的条件也往往不如原定的中标人。因此，招标文件往往要求投标人提交投标保证金，如果中标人放弃中标项目，招标人可以没收投标保证金。如果投标保证金不足以弥补招标人的损失，招标人可以继续要求中标人赔偿损失。

（2）招标人改变中标结果

招标人改变中标结果，拒绝与中标人订立合同，会给中标人造成损失。中标人的损失既包括准备订立合同的支出，也包括合同履行准备的损失。因为中标通知书发出后，合同在实质上已经成立，中标人应当为合同的履行进行准备，包括准备设备、人员、材料等。《中华人民共和国招标投标法》《工程建设项目施工招标投标办法》均规定，中标通知书发出后，招标人改变中标结果的，或者中标人放弃中标项目的，应当依法承担法律责任。

（3）招标人的告知义务

中标人确定后，招标人不但应向中标人发出中标通知书，还应同时将中标结果通知所有未中标的投标人。

四、签订合同

1. 签订合同的原则

（1）平等原则

合同当事人的法律地位平等，即享有民事权利和承担民事义务的资格是平等的，一方不得将自己的意志强加给另一方。

（2）自愿原则

合同当事人依法享有自愿订立合同的权利，不受任何单位和个人的非法干预。

（3）公平原则

合同当事人应当遵循公平原则确定各方的权利和义务。在合同的订立和履行过程中，合同当事人应正当行使合同权利和履行合同义务，并兼顾他人利益，使当事人的利益能够均衡。

（4）诚实信用原则

合同当事人在订立合同、行使权利、履行义务过程中，应当遵循诚实信用原则。这是在市场经济活动中形成的道德规则，它要求人们在交易活动（订立和履行合同）中讲究信用、恪守诺言、诚实不欺。

（5）合法性原则

合同当事人在订立及履行合同时，合同的形式和内容等构成要件必须符合法律的要求，不得违背社会公共利益，不得扰乱社会经济秩序。

2. 签订合同的要求

（1）订立合同的形式要求

按照《中华人民共和国招标投标法》的规定，招标人和中标人应当自中标通知书发出之日起30日内，按照招标文件和中标人的投标文件订立书面合同。所有的合同内容都应当在招标文件中有体现，一部分合同内容是确定的，不容投标人变更的，如技术要求等；另一部分合同内容要求投标人明确，如报价等。投标文件只能按照招标文件的要求编制，因此如果出现合同应当具备的内容，而招标文件既没有明确说明，也没有要求投标文件明确说明，则责任应当由招标人承担。

（2）订立合同的内容要求

书面合同订立后，招标人和中标人不得再行订立背离合同实质性内容的其他协议。对于建设工程施工合同，最高人民法院的司法解释规定，当事人就同一建设工程另行订立的建设工程施工合同与经过备案的中标合同实质性内容不一致的，应当以备案的中标合同作为结算工程价款的根据。

（3）订立合同的时间要求

招标人和中标人应当自中标通知书发出之日起30日内，按照招标文件和中标人的投标文件订立书面合同。

（4）按照各专业的合同范本订立合同的要求

招标人与中标人应按照各专业的合同范本签订合同。

3. 履约保证金

（1）提交履约保证金的依据

《中华人民共和国招标投标法》中所称的履约保证金实际是履约担保的通称，是指中标人或者招标人为保证履行合同而向对方提交的资金担保。在招标投标实践中，常见的是中标人向招标人提交的履约担保。

（2）提交履约保证金的形式

履约保证金的形式有多种，既可能是中标人向招标人提交，也可能是招标人向中标人提交，最主要的形式是履约保证。如果是招标人向中标人保证，一般是支付担保。

履约保证可以分为两类：一类是银行出具的履约保函；另一类是银行以外的其他保证人出具的履约保证书。银行以外的其他保证人往往是专业的担保公司。履约保函又可以分为有条件保函和无条件保函。除了履约保证以外，中标人以支票、汇票、存款单为质押，作为履约保证金的也很常见。

招标人要求中标人提交履约保证金或其他形式的履约担保的，招标人应当同时向中标人提供工程款支付担保。

履约保证金的金额、担保形式由招标文件规定。联合体中标的，其履约担保由牵头人递交。

（3）不提交履约保证金的法律后果

招标文件要求中标人提交履约保证金或者其他形式的履约担保，中标人拒绝提交的，视为放弃中标项目。此时，招标人可以选择其他中标候选人作为中标人。原中标人的投标保证金不予退还；给招标人造成的损失超过投标保证金数额的，原中标人还应当对超过部分予以赔偿。

招标人不履行与中标人订立的合同的，应当双倍返还中标人的履约保证金；给中标人造成的损失超过返还的履约保证金的，还应当对超过部分予以赔偿；没有提交履约保证金的，应当对中标人的损失承担赔偿责任。

课 / 后 / 练 / 习

一、单选题

1．关于开标时间和地点，说法不正确的是（　　）。

A．开标应当在招标文件确定的提交投标文件截止时间的同一时间公开进行

B．开标地点应当为招标文件中预先确定的地点

C．招标人更改招标时间，应事先口头通知到每一个购买招标文件的投标人

D．招标人更改招标地点，应事先书面通知到每一个购买招标文件的投标人

2．根据《中华人民共和国招标投标法》的规定，依法必须进行招标的项目，其评标委员会由招标人的代表和有关技术、经济等方面的专家组成，成员人数为（　　），其中技术、经济等方面的专家不得少于成员总数的2/3。

A．5人以上双数　　　B．5人以上单数　　　C．7人以上单数　　　D．7人以上双数

3．关于详细评审，说法错误的是（　　）。

A．只有在初评中确定为合格的投标文件，才有资格进入详细评审阶段

B．分别由商务标评委和技术标评委进行详细评审

C．对工程造价在一定金额以下、建筑面积在一定规模以下，具有通用技术及性能标准的一般建设工程项目，可不进行技术标评审，只进行商务标评审

D．包括形式评审、资格评审、响应性评审等

4．关于评标标准，下列说法有误的是（　　）。

A．任何在招标中可以采用的标准和方法，均可作为评标依据

B．任何未在招标文件中采用的标准和方法，均不得作为评标依据

C．评标标准包括价格标准和非价格标准

D．评标中使用的非价格标准一般有工期，工程质量，企业的资质、信誉等

5. 运用综合评估法评标时，下列说法不正确的是（　　　）。

　　A．对技术部分和商务部分进行量化

　　B．可采取折算为货币的方法、打分的方法或者其他方法

　　C．一般适用于具有通用技术及性能标准或者招标人对其技术及性能没有特殊要求的招标项目

　　D．评标委员会应当拟订一份综合评估比较表，连同书面评标报告提交给招标人

6. 关于评标过程中投标文件的澄清、说明和补正，错误的是（　　　）。

　　A．评标委员会不会接受投标人主动提出的澄清、说明或补正

　　B．投标人的书面澄清、说明和补正属于投标文件的组成部分

　　C．可要求投标人进一步澄清、说明或补正，直至满足评标委员会的要求

　　D．投标人澄清、说明和补正时，可以改变投标文件的实质性内容，包括大幅度修改投标文件

7. 根据招（投）标有关法律，招标人应当自收到评标报告之日起（　　　）日内公示中标候选人，公示期不少于（　　　）日。

　　A．3，4　　　　　　　B．3，3　　　　　　　C．6，6　　　　　　　D．2，1

8. 评标和定标应当在投标有效期结束后（　　　）个工作日内完成。

　　A．15　　　　　　　　B．25　　　　　　　　C．30　　　　　　　　D．45

9. 依法必须进行招标的项目，招标人应当自确定中标人之日起（　　　）日内，向有关行政监督部门提交招标投标情况的书面报告。

　　A．15　　　　　　　　B．25　　　　　　　　C．30　　　　　　　　D．45

10. 关于中标无效的法律后果，不正确的是（　　　）。

　　A．尚未签订合同时，依照规定的中标条件从其余投标人中重新确定中标人

　　B．尚未签订合同时，可依照《中华人民共和国招标投标法》重新进行招标

　　C．招标人与中标人之间已经签订了书面合同的，所签合同无效

　　D．由投标人赔偿损失

二、多选题

1. 参加开标会议的有（　　　）。

　　A．主持人　　　　　　　　　　　　　B．监标人

　　C．评标委员会成员　　　　　　　　　D．投标人

2. 有下列（　　　）情形的，不得担任评标委员会成员。

　　A．投标人或者投标主要负责人的近亲属

　　B．项目主管部门或者行政监督部门的人员

　　C．与投标人有经济利益关系，可能影响投标公正性的

　　D．曾因在招标、评标以及其他与招标投标有关活动中从事违法行为而受过行政处罚或刑事处罚的

3. 在初步评审中，（　　　）行为会导致评标委员会否决其投标。

　　A．投标文件未经投标单位盖章和单位负责人签字

　　B．投标人不符合国家或者招标文件规定的资格条件

  C．同一投标人提交两个以上不同的投标文件或者投标报价，但招标文件要求提交备选投标的除外

  D．投标人有串通投标、弄虚作假、行贿等违法行为

4．依据《评标委员会和评标方法暂行规定》，评标方法包括（   ）。

  A．经评审的最低投标价法   B．综合评估法

  C．法律、行政法规允许的其他评标方法 D．理论分析法

5．下列行为属于投标人串通投标的有（   ）。

  A．投标人之间相互约定抬高或压低投标报价

  B．投标人之间相互约定，在招标项目中分别以高、中、低价位报价

  C．投标人之间先进行内部竞价，内定中标人，然后再参加投标

  D．招标人向投标人泄露标底、评标委员会成员等信息

三、案例题

1．某工程施工招标项目采用资格后审方式组织公开招标，在投标截止时间前，招标人收到了投标人提交的6份投标文件。随后，招标人组织有关人员对投标人的资格进行审查，查对有关证明、证件原件。有一个投标人没有派人参加开标会议，还有一个投标人少携带了一个证件的原件，这两个投标人没能通过招标人组织的资格审查。招标人对通过资格审查的投标人A、B、C、D组织了开标。唱标过程中，投标人B的投标函上有两个报价，招标人要求其确认其中的一个报价后进行唱标；投标人C在投标函上填写的报价，大写与小写数值不一致，招标人查对了投标文件中的投标报价汇总表，发现投标函上的小写报价数值与投标报价汇总表一致，于是按照其小写报价数值进行唱标。

  问题：

  （1）招标人确定能够进入开标或唱标阶段的投标人的做法是否正确？为什么？

  （2）招标人在唱标过程中的做法是否正确？为什么？

2．某办公楼的招标人于2022年3月20日向具备承担该项目能力的甲、乙、丙3家承包商发出投标邀请书，投标邀请书说明3月25日在该招标人总工程师办公室领取招标文件，4月5日14时为投标截止时间。该3家承包商均接受邀请，并按规定时间提交了投标文件。开标时，由招标人检查投标文件的密封情况，确认无误后，由工作人员当众拆封，并宣读了3家承包商的名称、投标价格、工期和其他主要内容。评标委员会成员由招标人直接确定，共由4人组成，其中招标人代表2人，经济专家1人，技术专家1人。

  问题：从所介绍的背景资料来看，该项目的招标投标过程有哪些方面不符合《中华人民共和国招标投标法》的规定？

3．某单位计算机房改造项目公开招标，经综合评估法评审后，评标报告内容如下：

  1）基本情况（项目简介、招标过程简介、出售招标文件情况、开标情况、评标程序及评标情况，以及各种表格）。

  2）评标委员会成员名单。

  3）开标会议记录。

  4）符合要求的投标一览表。

5）废标情况说明。

6）

7）评分比较一览表。

8）

9）推荐的中标候选人名单。

10）澄清、说明、补正事宜。

评标报告在评委签字时，有一个评委持反对意见，但又不书面阐述其理由，拒不签字。工作人员在编制评标报告时，将其列为反对票，记录在报告中。

问题：分析上述招（投）标工作中有哪些不妥之处。并分析评标报告中的漏项和不妥之处。

4．2023 年 11 月 22 日，某省 A 房地产公司就一住宅建设项目进行公开招标，某省 B 建筑公司与其他 3 家建筑公司共同参加了投标。结果 B 建筑公司中标。2023 年 12 月 14 日，A 房地产公司就该项目向 B 建筑公司发出中标通知书，中标通知书中载明：工程建筑面积为 74781m^2，中标价格为 8000 万元人民币，要求于 12 月 25 日签订工程承包合同，12 月 28 日开工。中标通知书发出后，B 建筑公司向 A 房地产公司提出，为节约工期，应该先做好施工准备，后签工程合同。A 房地产公司同意了这个意见。之后，B 建筑公司进入施工现场，平整了场地，将打桩架运入现场，并配合 A 房地产公司在 12 月 28 日打了两根桩，完成了项目的开工仪式。但是，工程开工后，还没有等到正式签订合同，双方就因为对合同内容的意见不一致发生了争议。A 房地产公司要求 B 建筑公司将工程中的一个专项工程分包给自己信赖的 C 公司，而 B 建筑公司以招标文件没有要求必须分包而拒绝。2024 年 3 月 1 日，A 房地产公司明确函告 B 建筑公司将另行落实施工队伍。无可奈何的 B 建筑公司只得诉至工程所在地中级人民法院。在法庭上，B 建筑公司指出，A 房地产公司既然发出了中标通知书，就表明招（投）标过程中的要约已经承诺，按招（投）标文件和国家法律的有关规定，签订工程承包合同是 A 房地产公司的法定义务。因此，B 建筑公司要求 A 房地产公司继续履行合同，并赔偿损失 560 万元。但 A 房地产公司辩称，虽然发出了中标通知书，但这个文件并无合同效力，且双方的合同尚未签订，因此双方还不存在合同上的权利义务关系，A 房地产公司有权另行确定合同相对人。

问题：

（1）发出中标通知书这一行为的法律性质是什么？为什么？

（2）由于没有订立合同，双方都有一定损失，双方损失应当如何处理？为什么？

5．某国有企业计划投资 700 万元新建一栋办公大楼，通过公开招标选取中标单位，共有 A、B、C、D、E 5 家投标单位参加了投标，开标时出现了如下情形：

1）A 投标单位的投标文件未按招标文件的要求编制。

2）建设单位委托了一家符合资质要求的监理单位进行该工程的施工招标代理工作，由于招标时间紧，建设单位要求招标代理单位采取内部议标的方式选取中标单位。

3）B 投标单位虽按招标文件的要求编制了投标文件，但有一页文件漏打了页码。

4）C 投标单位的投标保证金超过了招标文件中规定的金额。

5）D 投标单位的工期超过了招标文件规定的完成期限。

6）E 投标单位的某分项工程的报价有个别漏项。

为了在评标时统一意见，根据建设单位的要求，评标委员会由 6 人组成，其中 3 人分别是建设单位的总经理、总工程师和工程部经理，另外 3 人从建设单位以外的评标专家库中抽取。经过评标委员会评审，最终确定低于成本价格的投标单位为中标单位。

问题：

（1）采取内部议标的方式是否妥当？说明理由。

（2）该 5 家投标单位的投标文件是否有效？分别说明理由。

（3）评标委员会的组建是否妥当？若不妥，请说明理由。

（4）确定的中标单位是否合理？说明理由。

6．某重点工程项目计划于 2023 年 12 月 28 日开工，由于工程复杂，技术难度高，一般施工队伍难以胜任，业主自行决定采取邀请招标方式进行招标。业主于 2023 年 9 月 8 日向通过资格预审的 A、B、C、D、E 5 家施工承包企业发出了投标邀请书。该 5 家企业均接受了邀请，并于规定时间购买了招标文件。招标文件中规定，10 月 18 日下午 4 时是投标截止时间，在 11 月 10 日发出中标通知书。在投标截止时间之前，A、B、D、E 4 家企业提交了投标文件，C 企业于 10 月 18 日下午 5 时才送达投标文件，原因是中途堵车。10 月 21 日下午，由工程所在地招（投）标监督管理办公室主持进行了公开开标。评标委员会成员共由 7 人组成，其中工程所在地招（投）标监督管理办公室人员 1 人，公证处 1 人，招标人 1 人，技术、经济方面专家 4 人。评标时发现 E 企业的投标文件虽无法定代表人签字和授权委托书，但投标文件均有项目经理签字并加盖了公章。评标委员会于 10 月 28 日提出了评标报告，B、A 企业分别综合得分排名第一、第二名。由于 B 企业投标报价高于 A 企业，11 月 10 日招标人向 A 企业发出了中标通知书，并于 12 月 12 日签订了书面合同。

问题：

（1）业主自行决定采取邀请招标方式进行招标的做法是否妥当？说明理由。

（2）C 企业和 E 企业的投标文件是否有效？说明理由。

（3）请指出开标工作的不妥之处，说明理由。

（4）请指出评标委员会成员组成的不妥之处，说明理由。

7．某建设单位经当地主管部门批准，自行组织某建设项目施工公开招标工作，招标程序如下：①成立招标工作小组；②发出招标邀请书；③编制招标文件；④编制标底；⑤发放招标文件；⑥投标单位资格预审；⑦组织现场踏勘和招标答疑；⑧接收投标文件；⑨开标；⑩确定中标单位；⑪发出中标通知书；⑫签订承包合同。

共有 A、B、C、D、E 5 家经资格审查合格的施工企业参加投标。经招标工作小组确定的评标指标及评分方法如下：

1）评标指标包括报价、工期、企业信誉和施工经验 4 项，权重分别为 50%、30%、10%、10%。

2）报价在标底的 ±3% 以内为有效标，报价比标底低 3% 为 100 分，在此基础上，每上升 1% 扣 5 分。

3）工期比定额工期提前 15% 为 100 分，在此基础上，每延长 10 天扣 3 分。

各投标单位的指标见表 4-4。

表 4-4　各投标单位的指标

投标单位	报价/万元	工期/天	企业信誉得分	施工经验得分
A	3920	580	95	100
B	4120	530	100	95
C	4040	550	95	100
D	3960	570	95	90
E	3860	600	90	90
标底	4000	600	—	—

问题：

（1）该工程的招标工作程序是否妥当？为什么？

（2）根据背景资料填写表 4-5，并据此确定中标单位。

表 4-5　各投标单位得分

项目	投标单位					权重
	A	B	C	D	E	
报价得分						
工期得分						
企业信誉得分						
施工经验得分						
总分						
名次						

注：若报价超出有效范围，注明废标。

8．某办公楼工程项目的招标人于 2022 年 3 月 20 日向具备承担该项目能力的甲、乙、丙 3 家承包商发出投标邀请书，投标邀请书说明 3 月 25 日在该招标人总工程师办公室领取招标文件，4 月 5 日 14 时为投标截止时间。该 3 家承包商均接受邀请，并按规定时间提交了投标文件。开标时，由招标人检查投标文件的密封情况，确认无误后，由工作人员当众拆封，并宣读了该 3 家承包商的名称、投标价格、工期和其他主要内容。评标委员会成员由招标人直接确定，共由 4 人组成，其中招标人代表 2 人，经济专家 1 人，技术专家 1 人。招标人预先与咨询单位和被邀请的这 3 家承包商共同研究确定了施工方案。经招标工作小组确定的评标指标及评分方法如下：报价不超过标底（35500 万元）±5% 的为有效标，超过的为废标。报价为标底 98% 的得满分，在此基础上，报价比标底每下降 1%，扣 1 分；每上升 1%，扣 2 分（计分按四舍五入取整）。定额工期为 500 天，工期提前 10% 为 100 分，在此基础上每拖后 5 天扣 2 分。企业信誉和施工经验得分在资格审查时评定。上述 4 项评标指标的权重分别为：报价为 45%；工期为 25%；企业信誉和施工经验均为 15%。各投标单位的有关情况见表 4-6。

表 4-6　各投标单位的有关情况

投标单位	报价/万元	工期/天	企业信誉得分	施工经验得分
甲	35642	460	95	100
乙	34364	450	95	100
丙	33867	460	100	95

问题：

（1）从所介绍的背景资料来看，该项目的招标投标过程中有哪些方面不符合《中华人民共和国招标投标法》的规定？

（2）请按综合得分最高者中标的原则确定中标单位，列出计算过程。

单元 5

建设工程合同

思维导图

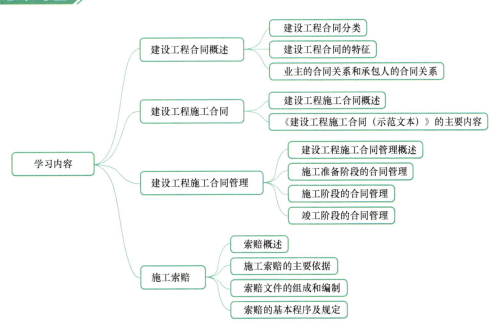

5.1　建设工程合同概述

应用案例

　　某商场为了扩大营业范围，准备投资建设一家分店。该商场通过工程招（投）标与甲建筑工程公司签订了建设工程合同。签订合同后，承包人将各种材料、设备运抵工地现场开始施工。施工过程中，相关行政管理部门发现该工程未领取建筑工程规划许可证，属于非法建筑，随后相关行政管理部门对发包人做出行政处罚，罚款 2 万元，勒令停止施工，拆除已建部分。承包人因此而蒙受损失，承包人向法院起诉，要求发包人予以赔偿。发（承）包人签订的建设工程合同属于施工合同类别。在本例中，承包人的请求会得到法院的支持吗？

　　【引导问题】

　　1．什么是建设工程合同？为什么要签订建设工程合同？

　　2．建设工程合同的特征有哪些？

　　3．建设工程合同的主要内容有哪些？

知识导入

　　为了完成一个项目建设可能需要签订各种各样的合同，这些合同构成一个完整的合同体系。我们需要了解和掌握在一个建设项目中存在哪些种类的合同，合同与合同之间的相互关系是如何建立的。

　　根据《中华人民共和国民法典》的相关规定，建设工程合同是承包人进行工程建设，发包人支付价款的合同。

一、建设工程合同分类

　　根据《中华人民共和国民法典》第十八章的表述，建设工程合同包括勘察、设计、施工合同。建设工程合同应当采用书面形式。建设工程的招标投标活动，应当依照有关法律的规定公开、公平、公正地进行。

　　勘察、设计、施工合同属于建设工程合同，监理合同、咨询服务合同等属于委托合同。

1．建设工程勘察合同

　　建设工程勘察是指根据建设工程的要求，如规划、设计、施工、运营及综合治理等的需要，对地形、水文及地质等状况进行测绘、勘探，查明地质地理、环境特征和岩土工程条件等，提供相应成果和资料，编制建设工程勘察文件的活动。建设工程勘察合同即发包人与勘察人就完成商定的勘察任务明确双方权利、义务关系的协议。

　　建设工程勘察合同中，建设工程勘察单位称为承包人，建设单位为发包人（委托人），承包人进行工程勘察，发包人支付价款。工程勘察是工程建设的第一个环节，为了确保工程勘察的质量，建设工程勘察单位必须经国家或省级主管部门批准，持有工程勘察资质证书，具有法人资格。

建设工程勘察合同的订立必须符合国家规定的基本程序，勘察合同由建设单位或有关单位提出委托，经与勘察单位协商，双方取得一致意见，即可签订，任何违反国家规定的建设工程勘察合同均是无效的。

2. 建设工程设计合同

建设工程设计是指根据建设工程的实际情况，对建设工程所需的技术、资源、环境、经济等条件进行综合分析、论证，最终编制建设工程设计文件的活动。建设工程设计合同即发包人与设计人就完成商定的工程设计任务明确双方权利、义务关系的协议。

建设工程设计合同中，建设单位或有关单位为委托人，建设工程设计单位为承包人，承包人负责进行工程设计，委托人负责支付价款。工程设计是工程建设的第二个环节，是保证建设工程质量及进行工程造价控制的重要环节。建设工程设计单位必须经国家或省级主管部门批准，持有工程设计资质证书，具有法人资格。只有具备了经有关部门批准的设计任务书，建设工程设计合同才能订立；如果单独委托施工图设计任务，应当同时具有经有关部门批准的初步设计文件方能订立合同。

3. 建设工程施工合同

建设工程施工是指根据建设工程设计文件的要求，对建设工程进行新建、改建、扩建的施工活动。建设工程施工合同即发包人与承包人为完成商定的建设工程项目的施工任务明确双方权利、义务关系的协议。建设工程施工合同的主体是建设单位与施工单位。

4. 物资采购合同

工程建设过程中的物资包括建筑材料和设备等，建筑材料和设备的供应一般需要经过订货、生产（加工）、运输、储存、使用（安装）等环节，要经历一个非常复杂的过程，这就需要物资采购合同来保证过程的顺利。物资采购合同分建筑材料采购合同和设备采购合同，是指采购人（发包人或者承包人）与供货人（物资供应公司或者生产单位）就建设物资的供应明确双方权利、义务关系的协议。

5. 建设工程监理合同

建设工程监理合同是建设单位委托监理单位对其工程项目进行管理，承担工程监理任务而签订的明确双方权利、义务关系的协议，建设单位为委托人，监理单位为受托人。

6. 咨询服务合同

咨询服务合同是由委托人与咨询服务的提供者之间就咨询服务的内容、咨询服务方式等签订的明确双方权利、义务关系的协议。

二、建设工程合同的特征

建设工程合同属于经济合同范畴，适用《中华人民共和国民法典》。由于建设工程合同本身的特殊性，其合同订立也具有特殊性。要约和承诺是订立合同的两个基本程序，同理，建设工程合同订立也是要进行要约和承诺两个过程，具体形式为工程招标和投标这两个程序。

1. 招标公告（或投标邀请书）是要约邀请

招标人通过发布招标公告或发送投标邀请书的方式来吸引潜在投标人投标，希望潜在投标人向自己发出"内容明确的想要订立合同的意思表示",即要约邀请是希望他人向自己发出要约,而非与他人订立合同,是一种订立合同的预备行为,不直接构成合同,但可以"引诱"他人发出要约。

2. 投标文件是要约

要约是指一方当事人以缔结合同为目的向对方当事人所做出的意思表示。投标文件中含有投标人期望与招标人订立合同的具体内容,表达了投标人期望订立合同的意思,因此投标文件是要约。

3. 中标通知书是承诺

中标通知书是招标人对投标文件(即要约)的肯定答复,因此中标通知书是承诺。

三、业主的合同关系和承包人的合同关系

建设工程项目的实施是一个复杂的生产过程,要经历决策阶段、勘察设计阶段、招(投)标阶段、施工阶段和竣工验收阶段等,有结构、土建、通风与空调、给水排水、电气、装饰、智能建筑等专业设计与施工活动,需要各种材料、设备、资金和劳动力的供应。通常,一个建设项目的参加单位有许多个,它们之间会形成各种经济关系,合同就是这些经济关系的具体表现。其中,业主的合同关系和承包人的合同关系是主要的研究对象。

1. 业主的合同关系

(1)工程承包合同

不同的承(发)包模式会使承包合同所包括的承包范围有很大的差异,业主可以将工程分阶段、分专业发包,将重要的材料和设备供应分别委托。业主签订的工程承包合同包括以下两种:

1)工程施工合同。工程施工合同根据所包括的工作范围的不同,可以分为以下几种:

① 施工总承包合同。即由一个承包人承担整个工程的全部施工任务,包括土建、装饰、给水排水和电气设备安装等。

② 单位工程施工承包合同。业主可以将工程按不同专业(土建工程施工、安装工程施工、装饰工程施工等)发包给不同的承包人,各承包人之间是平行关系。

③ 专业工程施工承包合同。业主可以将专业性很强的专业工程(如幕墙、电梯、防水等)委托给各专业的承包人完成。

2)总承包合同。总承包合同是指业主将设计、施工、采购等工作全部或部分委托给一个承包人完成的合同,该合同模式下,由承包人承担工程建设全过程直至工程竣工验收。

(2)勘察合同与设计合同

勘察合同与设计合同是指业主和勘察单位、设计单位之间签订的为完成某项建设工程的勘察和设计工作的协议。勘察单位负责工程的地质勘察工作,设计单位负责工程的设计工作。勘察合同与设计合同应明确双方的权利和义务。

(3)物资采购合同

物资采购合同是指业主与材料和设备供应单位签订的采购(供应)合同。在一个工程中,业主可能签订许多个物资采购合同,也可以把材料、设备委托给工程承包人采购。

(4)监理合同

《中华人民共和国民法典》第七百九十六条规定:"建设工程实行监理的,发包人应当与监

理人采用书面形式订立委托监理合同。发包人与监理人的权利和义务以及法律责任，应当依照本编委托合同以及其他有关法律、行政法规的规定。"

（5）融资合同

融资合同即业主与金融机构（如银行）签订的合同，金融机构向业主提供资金保证。

（6）其他合同

其他合同如业主签订的工程保险合同等。

2. 承包人的合同关系

承包人是工程承包合同的履行者，按照合同约定完成承包合同所确定的工程范围内的设计、施工、竣工和保修任务，并为完成这些工作提供劳动力、施工设备、材料和管理人员。

（1）工程分包合同

建筑工程总承包单位在业主的许可下，可以将承包工程中的部分工程发包给具有相应资质条件的分包单位。承包人在总承包合同下可能订立许多个工程分包合同。分包人仅完成承包人的工程，由于合同关系的约束，分包人向承包人负责，与业主无合同关系。承包人向业主担负总承包合同范围内的全部工程责任，负责工程的管理和所属各分包人之间工作的协调，以及各分包人之间合同责任界限的划分，同时承担协调失误造成损失的责任。

（2）采购合同

采购合同是指承包人为工程施工采购材料和设备，与供应商签订的合同。

（3）加工合同

加工合同是指承包人将建筑构（配）件、特殊构件的加工任务委托给加工承揽单位而订立的合同。

（4）保险合同

保险合同是指承包人按施工合同要求对工程进行保险，与保险公司签订的合同。

（5）融资合同

如果工程付款条件苛刻，要求承包人带资承包，则承包人需与金融单位订立融资合同。

（6）运输合同

运输合同是指承包人为解决材料和设备的运输问题与运输单位签订的合同。

（7）租赁合同

《中华人民共和国民法典》第七百零三条规定："租赁合同是出租人将租赁物交付承租人使用、收益，承租人支付租金的合同。"

（8）劳务分包合同

劳务分包合同是承包人与劳务供应商签订的合同，由劳务供应商向承包人提供施工劳务。

（9）联合体协议

在许多大工程中，尤其是业主要求总承包的工程中，承包人经常是几个企业的联合体，即联合承包。承包人之间应订立联合体协议，联合投标，共同承接工程。

3. 禁止肢解发包或再分包

《中华人民共和国民法典》第七百九十一条明确指出："发包人可以与总承包人订立建设工程合同，也可以分别与勘察人、设计人、施工人订立勘察、设计、施工承包合同。发包人不得将应当由一个承包人完成的建设工程肢解成若干部分发包给数个承包人。

"总承包人或者勘察、设计、施工承包人经发包人同意，可以将自己承包的部分工作交由第三人完成。第三人就其完成的工作成果与总承包人或者勘察、设计、施工承包人向发包人承担连带责任。承包人不得将其承包的全部建设工程转包给第三人或者将其承包的全部建设工程肢解以后以分包的名义分别转包给第三人。

"禁止承包人将工程分包给不具备相应资质条件的单位。禁止分包单位将其承包的工程再分包。建设工程主体结构的施工必须由承包人自行完成。"

4. 专业工程分包人的主要责任和义务

（1）分包人对有关分包工程的责任

除合同条款另有约定，分包人应履行并承担总包合同中与分包工程有关的承包人的所有义务与责任，同时应避免因分包人自身行为或疏漏造成承包人违反总包合同中约定的承包人义务的情况发生。

（2）分包人与发包人的关系

分包人须服从承包人转发的发包人或工程师与分包工程有关的指令。未经承包人允许，分包人不得以任何理由与发包人或工程师发生直接工作联系，分包人不得直接致函发包人或工程师，也不得直接接受发包人或工程师的指令。如分包人与发包人或工程师发生直接工作联系，将被视为违约，并承担违约责任。

（3）承包人指令

就分包工程范围内的有关工作，承包人随时可以向分包人发出指令，分包人应执行承包人根据分包合同所发出的所有指令。分包人拒不执行指令的，承包人可委托其他施工单位完成该指令事项，发生的费用从应付给分包人的相应款项中扣除。

5.2 建设工程施工合同

应用案例

某房地产公司新建小区，经招标后选定 A 建筑工程有限公司为该小区的施工单位，并签订了建设工程施工合同。

【引导问题】

1. 建设工程施工合同的内容有哪些？
2. 建设工程施工合同有哪些作用？

知识导入

一、建设工程施工合同概述

1. 建设工程施工合同的概念

建设工程施工合同是发包人与承包人之间为完成商定的建设工程项目，确定双方权利和义务的协议。依据合同，承包人应完成发包人交给的建筑工程、安装工程施工任务，发包人应提供必要的施工条件并支付工程价款。

建设工程施工合同是建设工程合同的一种，合同的双方当事人是平等的民事主体，在订立时应遵守自愿、公平、诚实信用等原则。

2. 建设工程施工合同的作用

（1）明确发包人和承包人在施工过程中的权利和义务

建设工程施工合同一经签订，即具有法律效力。建设工程施工合同明确了发包人和承包人在施工过程中的权利和义务，确保了双方在施工过程中的合作和责任分配，是双方在履行合同过程中的行为准则，双方都应以建设工程施工合同作为行为依据。双方应当认真履行各自的义务，任何一方无权随意变更或解除建设工程施工合同，任何一方违反合同规定的内容，都应承担相应的法律责任。如果不订立建设工程施工合同，将无法规范双方的行为，也无法明确各自在施工过程中所享受的权利和承担的义务。

（2）有利于对工程施工的管理

合同当事人对工程施工的管理应当以建设工程施工合同为依据，包括对工程范围、建设工期、中间交工工程的开工和竣工时间、工程质量、工程造价等的管理。同时，各级监督部门、金融机构对工程施工的监督和管理，建设工程施工合同是其重要依据。

（3）有利于建筑市场的培育和发展

想要培育和发展建筑市场，首先要培育合同意识。通过明确双方的合作关系和风险防范，建设工程施工合同有利于建筑市场的培育和发展，可促进工程的顺利进行和高质量完成。推行建设工程质量监督管理制度、实行招标投标制度等，都是以签订建设工程施工合同为基础。

（4）是进行监理的依据和推行监理制度的需要

监理制度是工程建设管理专业化、社会化的结果，建设工程施工合同是进行监理的依据和推行监理制度的需要，有助于进行进度控制、质量控制和投资控制，确保工程建设的顺利进行。

二、《建设工程施工合同（示范文本）》的主要内容

1. 《建设工程施工合同（示范文本）》概述

为了指导建设工程施工合同当事人的签约行为，维护合同当事人的合法权益，依据《中华人民共和国建筑法》《中华人民共和国招标投标法》以及相关法律法规，住房城乡建设部、国家工商行政管理总局对《建设工程施工合同（示范文本）》（GF—2013—0201）进行了修订，制定了《建设工程施工合同（示范文本）》（GF—2017—0201）。现行《建设工程施工合同（示范文本）》自 2017 年 10 月 1 日起执行，原《建设工程施工合同（示范文本）》（GF—2013—0201）同时废止。现行《建设工程施工合同（示范文本）》由合同协议书、通用合同条款和专用合同条款 3 部分组成。通用合同条款是依据有关建设工程施工的法律法规制定而成的，它基本上可以适用于各类建设工程，因而有相对的固定性。但是，建设工程施工涉及面广，每一个具体工程都会发生一些特殊情况，针对这些特殊情况必须专门拟订一些专用条款，专用合同条款就是结合具体工程情况的具有针对性的合同条款，它体现了施工合同的灵活性。现行《建设工程施工合同（示范文本）》的这种固定性和灵活性相结合的特点，适应了建设工程施工合同的需要。

2. 《建设工程施工合同（示范文本）》的组成

《建设工程施工合同（示范文本）》由合同协议书、通用合同条款和专用合同条款3部分组成，同时包括11个附件。

（1）合同协议书

《建设工程施工合同（示范文本）》合同协议书共计13条，主要包括工程概况、合同工期、质量标准、签约合同价和合同价格形式、项目经理、合同文件构成、承诺及合同生效条件等重要内容，集中约定了合同当事人基本的合同权利与义务。

（2）通用合同条款

通用合同条款是合同当事人根据《中华人民共和国建筑法》等法律法规的规定，就工程建设的实施及相关事项，对合同当事人的权利、义务做出的原则性约定。

通用合同条款共计20条，具体条款包括一般约定、发包人、承包人、监理人、工程质量、安全文明施工与环境保护、工期和进度、材料与设备、试验与检验、变更、价格调整、合同价格、计量与支付、验收和工程试车、竣工结算、缺陷责任与保修、违约、不可抗力、保险、索赔和争议解决。这些条款安排既考虑了现行法律法规对工程建设的有关要求，也考虑了建设工程施工管理的特殊需要。

（3）专用合同条款

专用合同条款是对通用合同条款原则性约定的细化、完善、补充、修改或另行约定的条款。发包人认为需要进一步具体化的条款，或根据本地区特点或惯例需增列或删除的条款，例如优质工程的奖励条款，承包人的人员、设备不到位时的违约处理条款等，也在本部分列出。合同当事人可以根据不同建设工程的特点及具体情况，通过双方的谈判、协商对相应的专用合同条款进行修改、补充。在使用专用合同条款时，应注意以下事项：

1）专用合同条款的编号应与相应的通用合同条款的编号一致。

2）合同当事人可以通过对专用合同条款的修改，满足具体建设工程的特殊要求，避免直接修改通用合同条款。

3）在专用合同条款中有横道线的地方，合同当事人可针对相应的通用合同条款进行细化、完善、补充、修改或另行约定；如无细化、完善、补充、修改或另行约定，则填写"无"或画"/"。

（4）附件

1）合同协议书附件，共包括1个，即承包人承揽工程项目一览表。

2）专用合同条款附件，共包括10个：发包人供应材料设备一览表、工程质量保修书、主要建设工程文件目录、承包人用于本工程施工的机械设备表、承包人主要施工管理人员表、分包人主要施工管理人员表、履约担保格式、预付款担保格式、支付担保格式、暂估价一览表。

3. 《建设工程施工合同（示范文本）》的性质和适用范围

《建设工程施工合同（示范文本）》为非强制性使用文本。《建设工程施工合同（示范文本）》适用于房屋建筑工程、土木工程、线路管道和设备安装工程、装修工程等建设工程的施工承（发）包活动，合同当事人可结合建设工程具体情况，根据《建设工程施工合同（示范文本）》订立合同，并按照法律法规规定和合同约定承担相应的法律责任及合同的权利、义务。

4. 建设工程施工合同文件的组成及解释顺序

1）合同协议书。

2）中标通知书。

3）投标函及其附录。

4）专用合同条款及其附件。

5）通用合同条款。

6）技术标准和要求。

7）图纸。

8）已标价工程量清单或预算书。

9）其他合同文件。

在合同订立及履行过程中形成的与合同有关的文件均构成合同文件的组成部分，并根据其性质确定优先解释顺序。

注意，上述合同文件应能够互相解释、互相说明，当合同文件出现不一致时，上述合同文件的顺序就是合同的优先解释顺序；当合同文件出现含糊不清或者当事人有不同理解时，按照合同争议的解决方式处理。

5.3 建设工程施工合同管理

应用案例

某厂房建设场地原为池塘，按设计要求，在厂房建造时，施工范围内的淤泥应清除，基础必须埋在老土层下 2.5m 处，为此业主在"三通一平"阶段就委托土方施工公司清除了淤泥土层，用好土回填压实至一定的设计标高，故在施工招标文件中指出，施工单位无须再考虑清除淤泥土层的问题。然而，开工后，施工单位在开挖基坑（槽）时发现，有相当一部分基础的开挖深度虽已达到设计标高，但未见老土，且在基础和场地范围内仍有一部分深层的淤泥土层未清除。

【引导问题】

1．在工程中遇到地质条件与原设计所依据的地质资料不符时，承包人应该怎么办？

2．根据修改的设计图纸，基础开挖要加深加大，为此承包人提出了变更工程价格和延长工期的要求。请问承包人的要求是否合理？为什么？

3．工程施工中出现变更工程价款和工期的事件时，发、承包双方需要注意哪些时效性问题？

4．对合同中未规定的承包人义务，在合同实施过程中必须完成时，应如何处理？

知识导入

一、建设工程施工合同管理概述

建设工程施工合同管理是指各级工商行政管理部门、建设行政主管部门和金融机构，以及工程发包单位、监理单位、承包单位依据法律、行政法规、规章制度，采取法律的、行政的手段，对建设工程施工合同关系进行组织、指导、协调及监督，保护合同当事人的合法权益，调解合同纠纷，防止和制裁违法行为，保证合同法规的贯彻实施。

各级工商行政管理部门、建设行政主管部门对建设工程施工合同的管理侧重于宏观的依法监督，而发包单位、监理单位、承包单位对建设工程施工合同的管理则是具体的管理。发包单位、监理单位、承包单位对建设工程施工合同的管理体现在合同从订立到履行的全过程中，本部分主要介绍在合同履行过程中建设工程施工合同管理的一些重点和难点。

1. 不可抗力、保险和担保

（1）不可抗力

1）不可抗力的范围。不可抗力是指合同当事人在签订合同时不可预见，在合同履行过程中不可避免且不能克服的自然灾害和社会性突发事件。不可抗力的来源既有自然现象，如地震、台风；也包括社会现象，如战争。作为人力所不可抗拒的强制力，具有客观上的偶然性和不可避免性，主观上的不可预见性以及社会危害性。

2）合同一方当事人遇到不可抗力事件使其履行合同义务受到阻碍时，应立即通知合同另一方当事人和监理人。不可抗力和受阻碍的详细情况必须进行书面说明，并提供必要的证明。

如果不可抗力持续发生，合同一方当事人应及时向合同另一方当事人和监理人提交中间报告，说明不可抗力和履行合同受阻的情况，并于不可抗力事件结束后28天内提交最终报告及有关资料。

3）不可抗力引起的后果及造成的损失由合同当事人按照法律规定及合同约定各自承担。不可抗力发生前已完成的工程应当按照合同约定进行计量支付。不可抗力导致的人员伤亡、财产损失、费用增加和（或）工期延误等后果，由合同当事人按以下原则承担：

① 永久工程、已运至施工现场的材料和工程设备的损坏，以及因工程损坏造成的第三方人员伤亡和财产损失由发包人承担。

② 承包人施工设备的损坏由承包人承担。

③ 发包人和承包人承担各自的人员伤亡和财产损失。

④ 因不可抗力影响承包人履行合同约定的义务，发生工期延误的，应当顺延工期，由此导致承包人停工的费用损失由发包人和承包人合理分担，停工期间必须支付的工人工资由发包人承担。

⑤ 因不可抗力引起或将引起工期延误，发包人要求赶工的，由此增加的赶工费用由发包人承担。

⑥ 承包人在停工期间按照发包人要求照管、清理和修复工程的费用由发包人承担。不可抗力发生后，合同当事人均应采取措施尽量避免和减少损失的扩大，任何一方当事人没有采取有效措施导致损失扩大的，应对扩大的损失承担责任。

因合同一方迟延履行合同义务，在迟延履行期间遭遇不可抗力的，不免除其违约责任。

4）不可抗力解除合同。不可抗力消除后，如果因不可抗力致使合同的目的不能实现的，当事人可以解除合同。

《中华人民共和国民法典》第五百六十二条规定，当事人协商一致，可以解除合同。当事人可以约定一方解除合同的事由。解除合同的事由发生时，解除权人可以解除合同。

《中华人民共和国民法典》第五百六十三条规定，有下列情形之一的，当事人可以解除合同：

① 因不可抗力致使不能实现合同目的。

② 在履行期限届满前，当事人一方明确表示或者以自己的行为表明不履行主要债务。

③ 当事人一方迟延履行主要债务，经催告后在合理期限内仍未履行。

④ 当事人一方迟延履行债务或者有其他违约行为致使不能实现合同目的。

⑤ 法律规定的其他情形。

以持续履行的债务为内容的不定期合同，当事人可以随时解除合同，但是应当在合理期限之前通知对方。

（2）保险

1）保险的类型。

① 工程保险。除专用合同条款另有约定外，发包人应投保建筑工程一切险或安装工程一切险；发包人委托承包人投保的，因投保产生的保险费和其他相关费用由发包人承担。

② 工伤保险。发包人应依照法律规定参加工伤保险，并为在施工现场的全部员工办理工伤保险，缴纳工伤保险费，并要求监理人及由发包人为履行合同聘请的第三方人员依法参加工伤保险。

承包人应依照法律规定参加工伤保险，并为其履行合同的全部员工办理工伤保险，缴纳工伤保险费，并要求分包人及由承包人为履行合同聘请的第三方人员依法参加工伤保险。

③ 其他保险。发包人和承包人可以为其施工现场的全部人员办理意外伤害保险并支付保险费，包括其员工及为履行合同聘请的第三方人员，具体事项由合同当事人在专用合同条款中约定。

除专用合同条款另有约定外，承包人应为其施工设备等办理财产保险。

2）持续保险。

合同当事人应与保险人保持联系，使保险人能够随时了解工程实施中的变动，并确保按保险合同条款的要求持续保险。

（3）担保

承（发）包双方为了全面履行合同，应互相提供以下担保：

1）发包人向承包人提供工程支付担保，按合同约定支付工程价款及履行合同约定的其他义务。

2）承包人向发包人提供履约担保，按合同约定履行自己的各项义务。

除专用合同条款另有约定外，发包人要求承包人提供履约担保的，发包人应当向承包人提供支付担保。支付担保可以采用银行保函或担保公司担保等形式，具体由合同当事人在专用合同条款中约定。

2. 工程分包

（1）分包的一般约定

承包人不得将其承包的全部工程转包给第三人，或将其承包的全部工程肢解后以分包的名义转包给第三人。承包人不得将工程主体结构、关键性工作及专用合同条款中禁止分包的专业工程分包给第三人，主体结构、关键性工作的范围由合同当事人按照法律规定在专用合同条款中予以明确。

承包人不得以劳务分包的名义转包或违法分包工程。

（2）分包的确定

《中华人民共和国民法典》第七百九十一条规定，发包人可以与总承包人订立建设工程合同，也可以分别与勘察人、设计人、施工人订立勘察、设计、施工承包合同。发包人不得将应当由一个承包人完成的建设工程肢解成若干部分发包给数个承包人。

总承包人或者勘察、设计、施工承包人经发包人同意，可以将自己承包的部分工作交由第三人完成。第三人就其完成的工作成果与总承包人或者勘察、设计、施工承包人向发包人承担连带责任。承包人不得将其承包的全部建设工程转包给第三人或者将其承包的全部建设工程肢解以后以分包的名义分别转包给第三人。

禁止承包人将工程分包给不具备相应资质条件的单位。禁止分包单位将其承包的工程再分包。建设工程主体结构的施工必须由承包人自行完成。

（3）分包管理

承包人应向监理人提交分包人的主要施工管理人员表，并对分包人的施工人员进行实名制管理，包括但不限于进出场管理、登记造册及各种证照的办理。

（4）分包合同价款

1）除下述条款2）约定的情况或专用合同条款另有约定外，分包合同价款由承包人与分包人结算，未经承包人同意，发包人不得向分包人支付分包工程价款。

2）生效法律文书要求发包人向分包人支付分包合同价款的，发包人有权从应付承包人工程款中扣除该部分款项。

（5）分包合同权益的转让

分包人在分包合同项下的义务持续到缺陷责任期届满以后的，发包人有权在缺陷责任期届满前，要求承包人将其在分包合同项下的权益转让给发包人，承包人应当转让。除转让合同另有约定外，转让合同生效后，由分包人向发包人履行义务。

3. 发包人和承包人的工作

（1）发包人的义务

1）提供施工现场。除专用合同条款另有约定外，发包人应最迟于开工日期7天前向承包人移交施工现场。

2）提供施工条件。除专用合同条款另有约定外，发包人应负责提供施工所需要的条件，包括以下内容：

①将施工用水、电力、通信线路等施工所必需的条件接至施工现场内。

②保证向承包人提供正常施工所需要的进入施工现场的交通条件。

③协调处理施工现场周围地下管线和邻近建筑物、构筑物、古树名木的保护工作，并承担相关费用。

④按照专用合同条款约定应提供的其他设施和条件。

3）提供基础资料。发包人应当在移交施工现场前向承包人提供施工现场及工程施工所必需的毗邻区域内供水、排水、供电、供气、供热、通信、广播电视等地下管线资料，气象和水文观测资料，地质勘察资料，相邻建筑物、构筑物和地下工程等有关基础资料，并对所提供资料的真实性、准确性和完整性负责。

按照法律规定确需在开工后方能提供的基础资料，发包人应尽其努力及时地在相应工程施工前的合理期限内提供，合理期限应以不影响承包人的正常施工为限。

因发包人原因未能按合同约定及时向承包人提供施工现场、施工条件、基础资料的，由发包人承担由此增加的费用和（或）延误的工期。

4）资金来源证明及支付担保。除专用合同条款另有约定外，发包人应在收到承包人要求提供资金来源证明的书面通知后 28 天内，向承包人提供能够按照合同约定支付合同价款的相应资金来源证明。

5）支付合同价款。发包人应按合同约定向承包人及时支付合同价款。

6）组织竣工验收。发包人应按合同约定及时组织竣工验收。

7）现场统一管理协议。发包人应与承包人、由发包人直接发包的专业工程的承包人签订施工现场统一管理协议，明确各方的权利、义务。施工现场统一管理协议应作为专用合同条款的附件。

（2）承包人的一般义务

承包人在履行合同过程中应遵守法律和工程建设标准、规范，并履行以下义务：

1）承包人按合同约定的工作内容和施工进度要求，编制施工组织设计和施工措施计划，并对所有施工作业和施工方法的完备性和安全可靠性负责。

2）按法律规定和合同约定完成工程，并在保修期内承担保修义务。

3）按法律规定和合同约定采取施工安全和环境保护措施，办理工伤保险，确保工程及人员、材料、设备和设施的安全。

4）按安全文明施工约定采取施工安全措施，确保工程及其人员、材料、设备和设施的安全，防止因工程施工造成的人身伤害和财产损失。

5）在进行合同约定的各项工作时，不得侵害发包人与他人使用公用道路、水源、市政管网等公共设施的权利，避免对邻近的公共设施产生干扰。承包人占用或使用他人的施工场地，影响他人作业或生活的，应承担相应责任。

6）按环境保护约定负责施工场地及其周边环境与生态的保护工作。

7）承包人需编制竣工资料，完成竣工资料的立卷及归档工作，并按专用合同条款约定的竣工资料的套数、内容、时间等要求移交发包人。

8）发包人所支付的各项价款，必须专款专用于合同工程，且应及时支付其雇用人员工资，并及时向分包人支付合同价款。

9）应履行的其他义务。

4. 建设工程施工合同争议的解决

（1）争议解决的方式

1）和解。合同当事人可以就争议自行和解，自行和解达成协议的经双方签字并盖章后作为合同补充文件，双方均应遵照执行。

2）调解。合同当事人可以就争议请求建设行政主管部门、行业协会或其他第三方进行调解，调解达成协议的，经双方签字并盖章后作为合同补充文件，双方均应遵照执行。

3）争议评审。合同当事人在专用合同条款中约定采取争议评审方式解决争议及评审规则，并按下列约定执行：

① 争议评审小组的确定。合同当事人可以共同选择 1 名或 3 名争议评审员，组成争议评审小组。除专用合同条款另有约定外，合同当事人应当自合同签订后 28 天内，或者争议发生后 14 天内，选定争议评审员。

选择 1 名争议评审员的，由合同当事人共同确定；选择 3 名争议评审员的，各自选定一名，第 3 名成员为首席争议评审员，由合同当事人共同确定或由合同当事人委托已选定的争议评审员共同确定，或由专用合同条款约定的评审机构指定第 3 名首席争议评审员。

除专用合同条款另有约定外，评审员报酬由发包人和承包人各承担一半。

② 争议评审小组的决定。合同当事人可在任何时间将与合同有关的任何争议共同提请争议评审小组进行评审。争议评审小组应秉持客观、公正的原则，充分听取合同当事人的意见，依据相关法律、规范、标准、案例经验及商业惯例等，自收到争议评审申请报告后 14 天内做出书面决定，并说明理由。合同当事人可以在专用合同条款中对本项事项另行约定。

③ 争议评审小组决定的效力。争议评审小组做出的书面决定经合同当事人签字确认后，对双方具有约束力，双方应遵照执行。任何一方当事人不接受争议评审小组决定或不履行争议评审小组决定的，双方可选择其他争议解决方式。

4）仲裁或诉讼。因合同及合同有关事项产生的争议，合同当事人可以在专用合同条款中约定以下方式中的一种解决争议：

① 向约定的仲裁委员会申请仲裁。

② 向有管辖权的人民法院起诉。

（2）争议解决条款的效力

合同有关争议解决的条款独立存在，合同的变更、解除、终止、无效或者被撤销均不影响其效力。

（3）争议发生后允许停止履行合同的情况

发生争议后，在一般情况下，双方都应继续履行合同，保持施工连续，保护好已完成工程。只有出现下列情况时，当事人双方可停止履行施工合同：

1）单方违约导致合同确已无法履行，双方协议停止施工。

2）调解要求停止施工，且为双方接受。

3）仲裁机关要求停止施工。

4）法院要求停止施工。

5. 建设工程施工合同的解除

建设工程施工合同订立后，当事人应当按照合同的约定履行。但是在一定的条件下合同没有履行或者没有完全履行，当事人也可以解除合同。

（1）可以解除合同的情形

1）合同的协商解除。施工合同当事人协商一致，可以解除合同。这是在合同成立之后、履行完毕之前，双方当事人通过协商而同意终止合同关系的解除。当事人的此项权利是合同中意思自治的具体体现。

2）发生不可抗力时合同的解除。因不可抗力或者非合同当事人的原因，造成工程停建或缓建，致使合同无法履行，合同双方可以解除合同。

3）当事人违约时合同的解除。

① 发包人请求解除合同的条件。承包人有下列情形之一，发包人请求解除建设工程施工合同的，应予以支持：明确表示或者以行为表明不履行合同主要义务的；合同期限内没有完工，且在发包人催告的合理期限内仍未完工的；已经完成的建设工程质量不合格，并拒绝修复的；将承包的工程非法转包、违法分包的。

② 承包人请求解除合同的条件。发包人有下列情形之一，致使承包人无法施工，且在催告的合理期限内仍未履行义务，承包人请求解除建设工程施工合同的，应予以支持：未按约定支付工程价款的；提供的主要建筑材料、建筑构（配）件和设备不符合强制性标准的；不履行合

同约定的协助义务的。

（2）合同解除后的法律后果

1）建设工程施工合同解除后，已经完成的建设工程质量合格的，发包人应当按照约定支付相应的工程价款。

2）建设工程施工合同解除后，已经完成的建设工程质量不合格的，按照下列情况处理：

①修复后的建设工程经竣工验收合格，发包人请求承包人承担修复费用的，应予以支持。

②修复后的建设工程经竣工验收不合格，承包人请求支付工程价款的，不予支持。因建设工程不合格造成的损失，发包人有过错的，也应承担相应的民事责任。

3）因一方违约导致合同解除的，违约方应当赔偿因此给对方造成的损失。

二、施工准备阶段的合同管理

1. 施工图纸

发包人应按照专用合同条款约定的期限、数量和内容向承包人免费提供图纸，并组织承包人、监理人和设计人进行图纸会审和设计交底。发包人最迟不得晚于开工通知载明的开工日期前 14 天向承包人提供图纸。

因发包人未按合同约定提供图纸导致承包人费用增加和（或）工期延误的，按照因发包人原因导致工期延误的约定办理。

2. 施工组织设计

除专用合同条款另有约定外，承包人应在合同签订后 14 天内，但最迟不得晚于开工通知载明的开工日期前 7 天，向监理人提交详细的施工组织设计，并由监理人报送发包人。除专用合同条款另有约定外，发包人和监理人应在监理人收到施工组织设计后 7 天内确认或提出修改意见。对发包人和监理人提出的合理意见和要求，承包人应自费修改完善。根据工程实际情况需要修改施工组织设计的，承包人应向发包人和监理人提交修改后的施工组织设计。

承包人应当在专用合同条款约定的日期，将施工组织设计和施工进度计划提交给监理工程师。群体工程中采取分阶段进行施工的单项工程，承包人应按照发包人提供的图纸及有关资料的时间，按单项工程编制施工进度计划，分别向监理工程师提交。监理工程师接到承包人提交的施工进度计划后，应当予以确认或者提出修改意见，时间限制则由双方在专用合同条款中约定。如果监理工程师逾期不确认也不提出书面意见，则视为已经同意。

3. 双方做好施工前的有关准备工作

开工前，合同双方还应当做好其他各项准备工作。发包人和承包人按照专用合同条款的规定使施工现场具备施工条件，开通施工现场公共道路，应当做好施工人员和设备的调配工作；特别要做好水准点与坐标控制点的交验，要按时提供标准、规范；做好设计单位的协调工作，按照专用合同条款的约定组织图纸会审和设计交底。

4. 开工

（1）开工准备

除专用合同条款另有约定外，承包人应按照施工组织设计约定的期限，向监理人提交工程开工报审表，经监理人报发包人批准后执行。开工报审表应详细说明按施工进度计划正常施工所需的施工道路、临时设施、材料、工程设备、施工设备、施工人员等的落实情况及工程的进度安排。

除专用合同条款另有约定外，合同当事人应按约定完成开工准备工作。

（2）开工通知

发包人应按照法律规定获得工程施工所需的许可。经发包人同意后，监理人发出的开工通知应符合法律规定。监理人应在计划开工日期7天前向承包人发出开工通知，工期自开工通知中载明的开工日期起算。

除专用合同条款另有约定外，因发包人原因造成监理人未能在计划开工日期之日起90天内发出开工通知的，承包人有权提出价格调整要求，或者解除合同。发包人应当承担由此增加的费用和（或）延误的工期，并向承包人支付合理利润。

5. 测量放线

除专用合同条款另有约定外，发包人应在最迟不得晚于开工通知载明的开工日期前7天通过监理人向承包人提供测量基准点、基准线和水准点及其书面资料。发包人应对其提供的测量基准点、基准线和水准点及其书面资料的真实性、准确性与完整性负责。

承包人发现发包人提供的测量基准点、基准线和水准点及其书面资料存在错误或疏漏的，应及时通知监理人。监理人应及时报告发包人，并会同发包人和承包人予以核实。发包人应就如何处理和是否继续施工做出决定，并通知监理人和承包人。

承包人负责施工过程中的全部施工测量放线工作，并配置具有相应资质的人员，合格的仪器、设备和其他物品。承包人应矫正工程的位置、标高、尺寸或准线中出现的任何差错，并对工程各部分的定位负责。

施工过程中对施工现场内的水准点等测量标志物的保护工作由承包人负责。

6. 支付工程预付款

预付款的支付按照专用合同条款的约定执行，但最迟应在开工通知载明的开工日期7天前支付。预付款应当用于材料、工程设备、施工设备的采购及修建临时工程、组织施工队伍进场等。

除专用合同条款另有约定外，预付款在进度付款中同比例扣回。在颁发工程接收证书前提前解除合同的，尚未扣完的预付款应与合同价款一并结算。

发包人逾期支付预付款超过7天的，承包人有权向发包人发出要求预付的催告通知，发包人收到通知后7天内仍未支付的，承包人有权暂停施工，并按发包人违约的情形处理。

发包人要求承包人提供预付款担保的，承包人应在发包人支付预付款7天前提供预付款担保，专用合同条款另有约定的除外。预付款担保可采用银行保函、担保公司担保等形式，具体由合同当事人在专用合同条款中约定。在预付款完全扣回之前，承包人应保证预付款担保持续有效。

发包人在工程款中逐期扣回预付款后，预付款担保额度应相应减少，但剩余的预付款担保金额不得低于未被扣回的预付款金额。

三、施工阶段的合同管理

1. 施工质量的管理

（1）对材料和设备的质量控制

1）发包人供应材料与工程设备。发包人自行供应材料、工程设备的，应在签订合同时在专用合同条款的附件（发包人供应材料设备一览表）中明确材料、工程设备的品种、规格、型号、数量、单价、质量等级和送达地点。

承包人应提前 30 天通过监理人以书面形式通知发包人供应材料与工程设备进场。承包人按《建设工程施工合同（示范文本）》第 7.2.2 项的约定修订施工进度计划时，需同时提交经修订后的发包人供应材料与工程设备的进场计划。

发包人应按发包人供应材料设备一览表约定的内容提供材料和工程设备，并向承包人提供产品合格证明及出厂证明，对其质量负责。发包人应提前 24 小时以书面形式通知承包人、监理人有关材料和工程设备的到货时间，承包人负责材料和工程设备的清点、检验和接收。

发包人提供的材料和工程设备的规格、数量或质量不符合合同约定的，或因发包人原因导致交货日期延误或交货地点变更等情况的，按照发包人违约的情况处理。

发包人供应的材料和工程设备，承包人清点后由承包人妥善保管，保管费用由发包人承担，但已标价工程量清单或预算书已经列支或专用合同条款另有约定的除外。因承包人原因发生丢失毁损的，由承包人负责赔偿；监理人未通知承包人清点的，承包人不负责材料和工程设备的保管，由此导致丢失毁损的由发包人负责。

发包人供应的材料和工程设备在使用前，由承包人负责检验，检验费用由发包人承担，发包人提供的材料或工程设备不符合合同要求的，承包人有权拒绝，并可要求发包人更换，由此增加的费用和（或）延误的工期由发包人承担，并支付承包人合理的利润。

2）承包人采购材料与工程设备。承包人负责采购材料、工程设备的，应按照设计和有关标准要求采购，并提供产品合格证明及出厂证明，对材料、工程设备的质量负责。合同约定由承包人采购的材料、工程设备，发包人不得指定生产厂家或供应商，发包人违反合同条款约定指定生产厂家或供应商的，承包人有权拒绝，并由发包人承担相应责任。

承包人采购的材料和工程设备，应保证产品质量合格，承包人应在材料和工程设备到货前 24 小时通知监理人检验。承包人进行永久设备、材料的制造和生产的，应符合相关质量标准，并向监理人提交材料的样本及有关资料，并应在使用该材料或工程设备之前获得监理人同意。

承包人采购的材料和工程设备不符合设计或有关标准要求时，承包人应在监理人要求的合理期限内将不符合设计或有关标准要求的材料、工程设备运出施工现场，并重新采购符合要求的材料、工程设备，由此增加的费用和（或）延误的工期，由承包人承担。

承包人采购的材料和工程设备由承包人妥善保管，保管费用由承包人承担。法律规定材料和工程设备在使用前必须进行检验或试验的，承包人应按监理人的要求进行检验或试验，检验或试验费用由承包人承担，不合格的不得使用。

发包人或监理人发现承包人使用不符合设计或有关标准要求的材料和工程设备时，有权要求承包人进行修复、拆除或重新采购，由此增加的费用和（或）延误的工期，由承包人承担。

监理人有权拒绝承包人提供的不合格材料或工程设备，并要求承包人立即进行更换。监理人应在更换后再次进行检查和检验，由此增加的费用和（或）延误的工期由承包人承担。监理人发现承包人使用了不合格的材料和工程设备，承包人应按照监理人的指示立即改正，并禁止在工程中继续使用不合格的材料和工程设备。

（2）对工程的质量管理

1）质量要求。

① 工程质量标准必须符合国家现行有关工程施工质量验收规范和标准的要求。有关工程质

量的特殊标准或要求由合同当事人在专用合同条款中约定。

② 因发包人原因造成工程质量未达到合同约定标准的，由发包人承担由此增加的费用和（或）延误的工期，并支付承包人合理的利润。

③ 因承包人原因造成工程质量未达到合同约定标准的，发包人有权要求承包人返工直至工程质量达到合同约定的标准，并由承包人承担由此增加的费用和（或）延误的工期。

2）质量保证措施。

① 发包人的质量管理。发包人应按照法律规定及合同约定完成与工程质量有关的各项工作。

② 承包人的质量管理。承包人应按照施工组织设计约定向发包人和监理人提交工程质量保证体系及措施文件，建立完善的质量检查制度，并提交相应的工程质量文件。对于发包人和监理人违反法律规定和合同约定的错误指示，承包人有权拒绝实施。承包人应对施工人员进行质量教育和技术培训，定期考核施工人员的劳动技能，严格执行施工规范和操作规程。

承包人应按照法律规定和发包人的要求，对材料、工程设备，以及工程的所有部位及施工工艺进行全过程的质量检查和检验，并做详细记录，编制工程质量报表，报送监理人审查。此外，承包人还应按照法律规定和发包人的要求，进行施工现场取样试验、工程复核测量和设备性能检测，提供试验样品、提交试验报告和测量成果等工作。

③ 监理人的质量检查和检验。监理人应按照法律规定和发包人授权对工程的所有部位及施工工艺、材料和工程设备进行检查和检验。承包人应为监理人的检查和检验提供方便，包括监理人到施工现场，或制造、加工地点，或合同约定的其他地方进行察看和查阅施工原始记录。监理人为此进行的检查和检验，不免除或减轻承包人按照合同约定应当承担的责任。

监理人的检查和检验不应影响施工正常进行。监理人的检查和检验影响施工正常进行的，工程质量经检查和检验不合格的，影响正常施工的费用由承包人承担，工期不予顺延；工程质量经检查和检验合格的，由此增加的费用和（或）延误的工期由发包人承担。

3）隐蔽工程检查。

① 承包人自检。承包人应当对工程隐蔽部位进行自检，并经自检确认是否具备覆盖条件。除专用合同条款另有约定外，工程隐蔽部位经承包人自检确认具备覆盖条件的，承包人应在共同检查前48小时书面通知监理人检查，通知中应载明隐蔽检查的内容、时间和地点，并应附有自检记录和必要的检查资料。

② 监理人检查。监理人应按时到场并对隐蔽工程及其施工工艺、材料和工程设备进行检查。经监理人检查确认质量符合隐蔽要求，并在验收记录上签字后，承包人才能进行覆盖。经监理人检查质量不合格的，承包人应在监理人指示的时间内完成修复，并由监理人重新检查，由此增加的费用和（或）延误的工期由承包人承担。

除专用合同条款另有约定外，监理人不能按时进行检查的，应在检查前24小时向承包人提交书面延期要求，但延期不能超过48小时，由此导致工期延误的，工期应予以顺延。监理人未按时进行检查，也未提出延期要求的，视为隐蔽工程检查合格，承包人可自行完成覆盖工作，并做相应记录报送监理人，监理人应签字确认。监理人事后对检查记录有疑问的，可按重新检查的约定重新检查。

4）重新检查。承包人覆盖工程隐蔽部位后，发包人或监理人对质量有疑问的，可要求承包人对已覆盖的部位进行钻孔探测或揭开重新检查，承包人应遵照执行，并在检查后重新覆盖恢复原状。经检查证明工程质量符合合同要求的，由发包人承担由此增加的费用和（或）延误的工期,并支付承包人合理的利润;经检查证明工程质量不符合合同要求的,由此增加的费用和(或)延误的工期由承包人承担。

承包人未通知监理人到场检查,私自将工程隐蔽部位覆盖的,监理人有权指示承包人钻孔探测或揭开检查,无论工程隐蔽部位质量是否合格,由此增加的费用和(或)延误的工期均由承包人承担。

5)不合格工程的处理。因承包人原因造成工程质量不合格的,发包人有权随时要求承包人采取补救措施,直至达到合同要求的质量标准,由此增加的费用和(或)延误的工期由承包人承担。无法补救的,按照拒绝接收全部或部分工程的约定执行。

因发包人原因造成工程质量不合格的,由此增加的费用和(或)延误的工期由发包人承担,并支付承包人合理的利润。

6)质量争议的检测。合同当事人对工程质量有争议的,由双方协商确定的工程质量检测机构鉴定,由此产生的费用及因此造成的损失,由责任方承担。

合同当事人均有责任的,由双方根据其责任分别承担。合同当事人无法达成一致的,按照《建设工程施工合同(示范文本)》第4.4条执行。

例 5-1

某工程项目业主与施工单位已签订施工合同,监理单位在施工过程中陆续遇到一些问题需要处理,如果你是此项目的监理工程师,对遇到的下列问题,应提出怎样的处理意见?

(1)在施工招标文件中,按工期定额计算,工期为550天。但在施工合同中,工期日历天数为581天,请问工期目标应为多少天?为什么?

(2)施工合同规定,业主给施工单位提供7套图纸,施工单位在施工中要求业主再提供3套图纸,增加的施工图纸费用应由谁来支付?

(3)在基槽开挖土方完成后,施工单位未对基槽四周进行围栏防护,业主代表进入施工现场后不慎掉入基坑摔伤,由此发生的医疗费用应由谁来支付?为什么?

(4)在结构施工中,施工单位需要在夜间浇筑混凝土,经业主同意并办理了有关手续。按地方政府有关规定,在晚上11点以后一般不得施工,若有特殊情况,需要给附近居民补贴,此项费用由谁来承担?

(5)在结构施工中,由于业主供电线路事故原因,造成施工现场连续停电3天,停电后施工单位为了减少损失,经过调剂,工人尽量安排其他生产工作。但现场一台塔式起重机、两台混凝土搅拌机停止工作,施工单位按规定时间就停工情况和经济损失提出索赔,要求索赔工期和费用,监理工程师应如何批复?

【解析】

(1)按照合同文件的解释顺序,协议条款与招标文件在内容上有矛盾时,应以协议条款为准,故工期目标应为581天。

(2)合同规定业主供应7套图纸,施工单位再要3套图纸,超出合同规定,故增加的图纸费用由施工单位支付。

(3)按合同文件规定,在基槽开挖土方后,在四周设置围栏是施工单位的责任,未设置围栏而发生人员摔伤事故,所发生的医疗费用应由施工单位支付。

(4)夜间施工虽经业主同意,并办理了有关手续,应由业主承担有关费用。

（5）由于施工单位以外的原因造成的停电，在一周内超过 8 小时，施工单位可以按规定提出索赔，监理工程师应批复工期顺延。由于工人已被安排进行其他生产工作，监理工程师应批复因改换工作引起的生产效率降低的费用。造成施工机械停止工作的，监理工程师视情况可批复机械设备租赁费或折旧费的补偿。

2. 施工进度的管理

工程开工后，合同履行即进入施工阶段，直至工程竣工。施工进度管理的主要任务是控制施工工作按进度计划执行，确保施工任务在规定的合同工期内完成。

（1）施工进度计划

1）施工进度计划的编制。承包人应按照施工组织设计的约定提交详细的施工进度计划，施工进度计划的编制应当符合国家法律规定和一般工程实践惯例，施工进度计划经发包人批准后实施。施工进度计划是控制工程进度的依据，发包人和监理人有权按照施工进度计划检查工程进度情况。

2）施工进度计划的修订。施工进度计划不符合合同要求或与工程的实际进度不一致的，承包人应向监理人提交修订的施工进度计划，并附有关措施和相关资料，由监理人报送发包人。除专用合同条款另有约定外，发包人和监理人应在收到修订的施工进度计划后 7 天内完成审核和批准或提出修改意见。发包人和监理人对承包人提交的施工进度计划的确认，不能减轻或免除承包人根据法律规定和合同约定应承担的任何责任或义务。

（2）开工通知

发包人应按照法律规定获得工程施工所需的许可。经发包人同意后，监理人发出的开工通知应符合法律规定。监理人应在计划开工日期 7 天前向承包人发出开工通知，工期自开工通知中载明的开工日期起算。

除专用合同条款另有约定外，因发包人原因造成监理人未能在计划开工日期之日起 90 天内发出开工通知的，承包人有权提出价格调整要求，或者解除合同。发包人应当承担由此增加的费用和（或）延误的工期，并向承包人支付合理的利润。

（3）暂停施工

1）发包人原因引起的暂停施工。因发包人原因引起暂停施工的，监理人经发包人同意后，应及时下达暂停施工指示。情况紧急且监理人未及时下达暂停施工指示的，承包人可先暂停施工，并及时通知监理人。监理人应在接到通知后 24 小时内发出指示，逾期未发出指示，视为同意承包人暂停施工。监理人不同意承包人暂停施工的，应说明理由，承包人对监理人的答复有异议，按照争议解决办法处理。

因发包人原因引起的暂停施工，发包人应承担由此增加的费用和（或）延误的工期，并支付承包人合理的利润。

2）承包人原因引起的暂停施工。因承包人原因引起的暂停施工，承包人应承担由此增加的费用和（或）延误的工期，且承包人在收到监理人复工指示后 84 天内仍未复工的，视为承包人违约。

3）暂停施工后的复工。暂停施工后，发包人和承包人应采取有效措施积极消除暂停施工的影响。在工程复工前，监理人会同发包人和承包人确定因暂停施工造成的损失，并确定工程复工条件。当工程具备复工条件时，监理人应经发包人批准后向承包人发出复工通知，承包人应按照复工通知要求复工。

承包人无故拖延和拒绝复工的，承包人承担由此增加的费用和（或）延误的工期；因发包人原因无法按时复工的，按照因发包人原因导致工期延误处理。

监理人发出暂停施工指示后 56 天内未向承包人发出复工通知，除该项停工属于承包人原因引起的暂停施工及不可抗力约定的情形外，承包人可向发包人提交书面通知，要求发包人在收到书面通知后 28 天内准许已暂停施工的部分或全部工程继续施工。

暂停施工持续 84 天以上不复工的，且不属于承包人原因引起的暂停施工及不可抗力约定的情形，并影响到整个工程及合同目的实现的，承包人有权提出价格调整要求，或者解除合同。解除合同的，按因发包人违约解除合同处理。

4）暂停施工期间的工程照管。暂停施工期间，承包人应负责妥善照管工程并提供安全保障，由此增加的费用由责任方承担。暂停施工期间，发包人和承包人均应采取必要的措施确保工程质量及安全，防止因暂停施工扩大损失。

（4）工期延误

1）因发包人原因导致工期延误。在合同履行过程中，因下列情况导致工期延误和（或）费用增加的，由发包人承担由此延误的工期和（或）增加的费用，且发包人应支付承包人合理的利润：

① 发包人未能按合同约定提供图纸或所提供图纸不符合合同约定的。

② 发包人未能按合同约定提供施工现场、施工条件、基础资料、施工许可、各项批准等开工条件的。

③ 发包人提供的测量基准点、基准线和水准点及其书面资料存在错误或疏漏的。

④ 发包人未能在计划开工日期之日起 7 天内同意下达开工通知的。

⑤ 发包人未能按合同约定日期支付工程预付款、进度款或竣工结算款的。

⑥ 监理人未按合同约定发出指示、批准等文件的。

⑦ 专用合同条款中约定的其他情形。

因发包人原因未按计划开工日期开工的，发包人应按实际开工日期顺延竣工日期，确保实际工期不低于合同约定的工期。因发包人原因导致工期延误需要修订施工进度计划的，按施工进度计划的修订条款执行。

2）因承包人原因导致工期延误。因承包人原因造成工期延误的，可以在专用合同条款中约定逾期竣工违约金的计算方法和逾期竣工违约金的上限。承包人支付逾期竣工违约金后，不免除承包人继续完成工程及修补缺陷的义务。

3. 工程支付的管理

（1）工程量的确认

工程量计量按照合同约定的工程量计算规则、图纸及变更指示等进行计量。工程量计算规则应以相关的国家标准、行业标准等为依据，由合同当事人在专用合同条款中约定。除专用合同条款另有约定外，工程量的计量按月进行。

（2）工程变更管理

1）变更的范围。除专用合同条款另有约定外，合同履行过程中发生以下情形的，应按照《建设工程施工合同（示范文本）》的要求进行变更：

① 增加或减少合同中的任何工作，或追加额外的工作。

② 取消合同中的任何工作，但转由他人实施的工作除外。

③ 改变合同中任何工作的质量标准或其他特性。

④ 改变工程的基线、标高、位置和尺寸。

⑤ 改变工程的时间安排或实施顺序。

2）变更估价原则。除专用合同条款另有约定外，变更估价按照下述约定处理：

① 已标价工程量清单或预算书有相同项目的，按照相同项目单价认定。

② 已标价工程量清单或预算书中无相同项目，但有类似项目的，参照类似项目的单价认定。

③ 变更导致实际完成的变更工程量与已标价工程量清单或预算书中列明的该项目工程量的变化幅度超过15%的，或已标价工程量清单或预算书中无相同项目及类似项目单价的，按照合理的成本与利润构成的原则，由合同当事人按照《建设工程施工合同（示范文本）》第4.4条确定变更工作的单价。

3）变更估价程序。承包人应在收到变更指示后14天内，向监理人提交变更估价申请。监理人应在收到承包人提交的变更估价申请后7天内审查完毕并报送发包人，监理人对变更估价申请有异议的，应通知承包人修改后重新提交。发包人应在承包人提交变更估价申请后14天内审批完毕。发包人逾期未完成审批或未提出异议的，视为认可承包人提交的变更估价申请。

因变更引起的价格调整应计入最近一期的进度款中支付。

（3）工程进度款的支付

1）工程进度款支付管理规定如下：

① 承包人应于每月25日向监理人报送上月20日至当月19日已完成的工程量报告，并附具进度付款申请单、已完成工程量报表和有关资料。

② 监理人应在收到承包人提交的工程量报告后7天内完成对承包人提交的工程量报表的审核并报送发包人，以确定当月实际完成的工程量。监理人对工程量有异议的，有权要求承包人进行共同复核或抽样复测。承包人应协助监理人进行复核或抽样复测，并按监理人要求提供补充计量资料。承包人未按监理人要求参加复核或抽样复测的，监理人复核或修正的工程量视为承包人实际完成的工程量。

③ 监理人未在收到承包人提交的工程量报表后的7天内完成审核的，承包人报送的工程量报告中的工程量视为承包人实际完成的工程量，据此计算工程价款。

合同当事人可在专用合同条款中约定其他价格形式合同的进度付款申请单的编制和提交程序。

2）付款周期。除专用合同条款另有约定外，付款周期应与计量周期保持一致。

3）进度付款申请单的编制。除专用合同条款另有约定外，进度付款申请单应包括下列内容：

① 截至本次付款周期已完成工作对应的金额。

② 根据变更应增加和扣减的变更金额。

③ 根据预付款约定应支付的预付款和扣减的返还预付款。

④ 根据质量保证金约定应扣减的质量保证金。

⑤ 根据索赔应增加和扣减的索赔金额。

⑥ 对已签发的进度款支付证书中出现错误的修正，应在本次进度付款中支付或扣除的金额。

⑦ 根据合同约定应增加和扣减的其他金额。

（4）价格调整

1）市场价格波动引起的调整。除专用合同条款另有约定外，市场价格波动超过合同当事人约定的范围时，合同价格应当调整。合同当事人可以在专用合同条款中约定选择以下任意一种方式对合同价格进行调整：

①采用价格指数进行价格调整。

②采用造价信息进行价格调整。

2）法律变化引起的调整。基准日期后，法律变化导致承包人在合同履行过程中所需要的费用发生除《建设工程施工合同（示范文本）》第 11.1 条规定以外的增加时，由发包人承担由此增加的费用；减少时，应从合同价格中予以扣减。基准日期后，因法律变化造成工期延误时，工期应予以顺延。

因法律变化引起的合同价格和工期调整，合同当事人无法达成一致的，由总监理工程师按《建设工程施工合同（示范文本）》第 4.4 条处理。

因承包人原因造成工期延误，在工期延误期间出现法律变化的，由此增加的费用和（或）延误的工期由承包人承担。

例 5-2

某施工单位通过对某工程的投标获得了该工程的承包权，并与建设单位签订了总价合同，在施工过程中发生了如下事件：

事件 1：基础施工时，建设单位负责供应的混凝土预制桩供应不及时，使该工作延误 4 天。

事件 2：建设单位因资金困难，在应支付月度进度款的时间内未支付，承包方停工 10 天。

事件 3：在主体施工期间，施工单位与某材料供应商签订了室内隔墙板供销合同，在合同内约定，如供方不能按照约定的时间供货，每天赔偿订购方合同价 0.05% 的违约金。供货方因原材料问题未能按时供货，拖延 8 天。

事件 4：施工单位根据合同工期要求，在冬季继续施工，在施工过程中，施工单位为保证施工质量采取了多项技术措施，由此造成额外的费用开支共计 20 万元。

事件 5：施工单位进行设备安装时，因业主选定的设备供应商接线错误导致设备损坏，使施工单位安装调试工作延误 5 天，损失 12 万元。

【问题】

以上各个事件中，施工延误的工期和增加的费用应由谁来承担？说明理由。

【解析】

事件 1：建设单位应补偿施工单位工期 4 天和相应的费用。因为混凝土预制桩供应不及时，使该工作延误，是属于建设单位的责任。

事件 2：建设单位应补偿施工单位工期 10 天和相应的费用。因为这是建设单位的原因造成的施工临时中断，从而导致承包商工期的拖延和费用支出的增加。

事件 3：应由材料供应商支付违约金，由施工单位自己承担工期延误和费用的增加。因为材料供应商在履行该供销合同时，已经构成了违约行为，所以应由材料供应商承担违约金。而对于延误的工期来说，材料供应商不可能承担此责任，反映到建设单位与施工单位的合同中，属于施工单位应承担的责任。

事件 4：这是施工单位应承担的费用。因为在签订合同时，保证施工质量的措施费已包括在合同价款内。

事件 5：应由建设单位承担由此造成的工期延误和费用的增加。因为建设单位分别与施工单位和设备供应商签订了合同，而施工单位与设备供应商之间不存在合同关系，无权向设备供应商提出索赔，对施工单位而言，应视为建设单位的责任。

四、竣工阶段的合同管理

1. 工程试车

工程试车包括竣工前试车和竣工后试车两项内容。

（1）竣工前试车

1）试车的组织。

① 单机无负荷试车。由于单机无负荷试车所需的环境条件在承包人的设备现场范围内，因此安装工程具备试车条件时，由承包人组织试车，并在试车前 48 小时书面通知监理人，通知中应载明试车的内容、时间、地点。承包人准备试车记录，发包人根据承包人要求为试车提供必要的条件。试车合格的，监理人在试车记录上签字。监理人在试车合格后不在试车记录上签字的，自试车结束满 24 小时后视为监理人已经认可试车记录，承包人可继续施工或办理竣工验收手续。

监理人不能按时参加试车的，应在试车前 24 小时以书面形式向承包人提出延期要求，但延期不能超过 48 小时，由此导致工期延误的，工期应予以顺延。监理人未能在前述期限内提出延期要求，又不参加试车的，视为认可试车记录。

② 联动无负荷试车。进行联动无负荷试车时，由于需要外部的配合条件，因此具备联动无负荷试车条件时，由发包人组织试车。承包人无正当理由不参加试车的，视为认可试车记录。

2）试车中双方的责任。

① 由于设计原因试车达不到验收要求的，发包人应要求设计单位修改设计，承包人按修改后的设计重新安装。发包人承担修改设计、拆除及重新安装的全部费用和追加的合同价款，工期相应顺延。

② 因工程设备制造原因导致试车达不到验收要求的，由采购该工程设备的合同当事人负责重新购置或修理，承包人负责拆除和重新安装，由此增加的修理、重新购置、拆除及重新安装的费用及延误的工期由采购该工程设备的合同当事人承担。

③ 由于承包人施工原因试车达不到要求的，承包人按工程师要求重新安装和试车，并承担重新安装和试车的费用，工期不予顺延。

④ 试车费用除已包括在合同价款之内或专用合同条款另有约定外，均由发包人承担。

⑤ 监理工程师在试车合格后不在试车记录上签字的，试车结束 24 小时后视为监理工程师已经认可试车记录，承包人可继续施工或办理竣工手续。

（2）竣工后试车（投料试车）

如需进行投料试车，发包人应在工程竣工验收后组织。发包人要求在工程竣工验收前进行或需要承包人配合时，应征得承包人同意，并在专用合同条款中约定有关事项。

投料试车合格的，费用由发包人承担；因承包人原因造成投料试车不合格的，承包人应按照发包人要求进行整改，由此产生的整改费用由承包人承担；非因承包人原因导致投料试车不合格的，如发包人要求承包人进行整改，由此产生的费用由发包人承担。

2. 竣工验收

（1）竣工验收满足的条件

工程具备以下条件的，承包人可以申请竣工验收：

1）除发包人同意的甩项工作和缺陷修补工作外，合同范围内的全部工程及有关工作，包括合同要求的试验、试运行及检验均已完成，并符合合同要求。

2）已按合同约定编制了甩项工作和缺陷修补工作清单及相应的施工计划。

3）已按合同约定的内容和份数备齐竣工资料。

（2）竣工验收的程序

除专用合同条款另有约定外，承包人申请竣工验收的，应当按照以下程序进行：

1）承包人向监理人报送竣工验收申请报告，监理人应在收到竣工验收申请报告后 14 天内完成审查并报送发包人。监理人审查后认为尚不具备验收条件的，应通知承包人在竣工验收前承包人还需完成的工作内容，承包人应在完成监理人通知的全部工作内容后，再次提交竣工验收申请报告。

2）监理人审查后认为已具备竣工验收条件的，应将竣工验收申请报告提交发包人，发包人应在收到经监理人审核的竣工验收申请报告后 28 天内审批完毕并组织监理人、承包人、设计人等相关单位完成竣工验收。

3）竣工验收合格的，发包人应在验收合格后 14 天内向承包人颁发工程接收证书。发包人无正当理由逾期不颁发工程接收证书的，自验收合格后第 15 天起视为已颁发工程接收证书。

4）竣工验收不合格的，监理人应按照验收意见发出指示，要求承包人对不合格工程返工、修复或采取其他补救措施，由此增加的费用和（或）延误的工期由承包人承担。承包人在完成不合格工程的返工、修复或采取其他补救措施后，应重新提交竣工验收申请报告，并按本项约定的程序重新进行验收。

5）工程未经验收或验收不合格，发包人擅自使用的，应在转移占有工程后 7 天内向承包人颁发工程接收证书；发包人无正当理由逾期不颁发工程接收证书的，自转移占有后第 15 天起视为已颁发工程接收证书。

除专用合同条款另有约定外，发包人不按照本项约定组织竣工验收、颁发工程接收证书的，每逾期一天，应以签约合同价为基数，按照中国人民银行发布的同期同类贷款基准利率支付违约金。

3. 竣工时间的确定

工程经竣工验收合格的，以承包人提交竣工验收申请报告之日为实际竣工日期，并在工程接收证书中载明；因发包人原因，未在监理人收到承包人提交的竣工验收申请报告的 42 天内完成竣工验收，或完成竣工验收不予颁发工程接收证书的，以提交竣工验收申请报告的日期为实际竣工日期；工程未经竣工验收，发包人擅自使用的，以转移占有工程之日为实际竣工日期。

工程按发包人要求修改后通过竣工验收的，实际竣工日期为承包人修改后提请发包人验收的日期。这个日期主要用于计算承包人的实际施工期限，与合同约定的工期比较是提前竣工还是延误竣工。

对于竣工验收不合格的工程，承包人完成整改后，应当重新进行竣工验收。经重新组织验收仍不合格的且无法采取措施补救的，发包人可以拒绝接收不合格工程；因不合格工程导致其他工程不能正常使用的，承包人应采取措施确保相关工程的正常使用，由此增加的费用和（或）延误的工期由承包人承担。

除专用合同条款另有约定外，合同当事人应当在颁发工程接收证书后 7 天内完成工程的移交。发包人无正当理由不接收工程的，发包人自应当接收工程之日起，承担工程照管、成品保护、保管等与工程有关的各项费用，合同当事人可以在专用合同条款中另行约定发包人逾期接收工程的违约责任。承包人无正当理由不移交工程的，承包人应承担工程照管、成品保护、保管等与工程有关的各项费用，合同当事人可以在专用合同条款中另行约定承包人无正当理由不移交工程的违约责任。

4. 竣工结算

（1）竣工结算申请

除专用合同条款另有约定外，承包人应在工程竣工验收合格后 28 天内向发包人和监理人提交竣工结算申请单，并提交完整的结算资料，有关竣工结算申请单的资料清单和份数等要求由合同当事人在专用合同条款中约定。

除专用合同条款另有约定外，竣工结算申请单应包括以下内容：

1）竣工结算合同价格。

2）发包人已支付承包人的款项。

3）应扣留的质量保证金，已缴纳履约保证金的或提供其他质量担保方式的除外。

4）发包人应支付承包人的合同价款。

（2）竣工结算审核

1）除专用合同条款另有约定外，监理人应在收到竣工结算申请单后 14 天内完成核查并报送发包人。发包人应在收到监理人提交的经审核的竣工结算申请单后 14 天内完成审批，并由监理人向承包人签发经发包人签认的竣工付款证书。监理人或发包人对竣工结算申请单有异议的，有权要求承包人进行修正和提供补充资料，承包人应提交修正后的竣工结算申请单。

发包人在收到承包人提交的竣工结算申请单后 28 天内未完成审批且未提出异议的，视为发包人认可承包人提交的竣工结算申请单，并自发包人收到承包人提交的竣工结算申请单后第 29 天起视为已签发竣工付款证书。

2）除专用合同条款另有约定外，发包人应在签发竣工付款证书后的 14 天内，完成对承包人的竣工付款。发包人逾期支付的，按照中国人民银行发布的同期同类贷款基准利率支付违约金；逾期支付超过 56 天的，按照中国人民银行发布的同期同类贷款基准利率的两倍支付违约金。

3）承包人对发包人签认的竣工付款证书有异议的，对于有异议部分应在收到发包人签认的竣工付款证书后 7 天内提出异议，并由合同当事人按照专用合同条款约定的方式和程序进行复核，或按照争议解决办法处理；对于无异议部分，发包人应签发临时竣工付款证书，并按上述 2）条款完成付款。承包人逾期未提出异议的，视为认可发包人的审批结果。

4）发包人要求甩项竣工的，合同当事人应签订甩项竣工协议。在甩项竣工协议中应明确，合同当事人按照竣工结算申请及竣工结算审核的约定对已完工的合格工程进行结算，并支付相应的合同价款。

（3）最终结清

1）最终结清申请单。除专用合同条款另有约定外，承包人应在缺陷责任期终止证书颁发后 7 天内，按专用合同条款约定的份数向发包人提交最终结清申请单，并提供相关证明材料。

除专用合同条款另有约定外，最终结清申请单应列明质量保证金、应扣除的质量保证金、缺陷责任期内发生的增减费用。

发包人对最终结清申请单的内容有异议的，有权要求承包人进行修正和提供补充资料，承包人应向发包人提交修正后的最终结清申请单。

2）最终结清证书和支付。除专用合同条款另有约定外，发包人应在收到承包人提交的最终结清申请单后 14 天内完成审批，并向承包人颁发最终结清证书。发包人逾期未完成审批，又未提出修改意见的，视为发包人同意承包人提交的最终结清申请单，且自发包人收到承包人提交的最终结清申请单后 15 天起视为已颁发最终结清证书。

除专用合同条款另有约定外，发包人应在颁发最终结清证书后 7 天内完成支付。发包人逾期支付的，按照中国人民银行发布的同期同类贷款基准利率支付违约金；逾期支付超过 56 天的，按照中国人民银行发布的同期同类贷款基准利率的两倍支付违约金。

承包人对发包人颁发的最终结清证书有异议的，按争议解决办法处理。

5. 工程保修

承包人应当在工程竣工验收之前，与发包人签订质量保修书，作为合同附件。质量保修书的主要内容包括：工程质量保修的范围和内容、质量保修期、质量保修责任、保修费用、其他约定。

在工程移交发包人后，因承包人原因产生的质量缺陷，承包人应承担质量缺陷责任和保修义务。缺陷责任期届满，承包人仍应按合同约定的工程各部位保修年限承担保修义务。

（1）工程质量保修的范围和内容

双方按照工程的性质和特点，具体约定保修的相关范围和内容。房屋建筑工程的保修范围包括地基与基础工程；主体结构工程；屋面防水工程，有防水要求的卫生间、房间和外墙面的防渗漏；供热与供冷系统；电气管线、给排水管道、设备安装和装修工程；以及双方约定的其他项目。

（2）质量保修期

质量保修期从竣工验收合格之日起计算。发包人未经竣工验收擅自使用工程的，保修期自转移占有之日起算。具体分部分项工程的质量保修期由合同当事人在专用合同条款中约定，但不得低于法定的最低保修年限。《建设工程质量管理条例》明确规定，在正常使用条件下，建设工程的最低保修期限如下：

1）基础设施工程、房屋建筑的地基基础工程和主体结构工程，为设计文件规定的该工程的合理使用年限。

2）屋面防水工程，有防水要求的卫生间、房间和外墙面的防渗漏，为 5 年。

3）供热与供冷系统，为 2 个采暖期、供冷期。

4）电气管线、给排水管道、设备安装和装修工程，为 2 年。

（3）质量保修责任

1）属于保修范围、内容的项目，承包人应在接到发包人的保修通知起 7 天内派人维修。承包人不在约定期限内派人维修的，发包人可以委托其他人修理。

2）发生紧急抢修事故时，承包人接到通知后应当立即到达事故现场抢修。

3）涉及结构安全的质量问题，应当按照《建设工程质量管理条例》的规定，立即向当地建设行政主管部门报告，采取相应的安全防范措施，并由原设计单位或具有相应资质等级的设计单位提出保修方案，承包人实施保修。

4）质量保修完成后，由发包人组织验收。

（4）保修费用

质量保修期内，保修的费用按照以下约定处理：

1）质量保修期内，因承包人原因造成工程缺陷、损坏的，承包人应负责修复，并承担修复的费用以及因工程的缺陷、损坏造成的人身伤害和财产损失。

2）质量保修期内，因发包人使用不当造成工程缺陷、损坏的，可以委托承包人修复，但发包人应承担修复的费用，并支付承包人合理的利润。

3）因其他原因造成工程缺陷、损坏的，可以委托承包人修复，发包人应承担修复的费用，并支付承包人合理的利润，因工程的缺陷、损坏造成的人身伤害和财产损失由责任方承担。

因承包人原因造成工程的缺陷或损坏，承包人拒绝维修或未能在合理期限内修复缺陷或损坏，且经发包人书面催告后仍未修复的，发包人有权自行修复或委托第三方修复，所需费用由承包人承担。但修复范围超出缺陷或损坏范围的，超出范围部分的修复费用由发包人承担。

例 5-3

某建筑公司与某医院签订了建设工程施工合同，明确承包人（建筑公司）应保质、保量、保工期完成发包人（医院）的门诊楼施工任务。工程竣工后，承包人向发包人提交竣工报告，发包人认为工程质量好，双方合作愉快，为不影响病人就医，没有组织验收就直接投入使用。在使用中发现门诊楼存在质量问题，遂要求承包人修理。承包人认为工程未经验收便提前使用，出现质量问题，承包人不再承担责任。

【问题】

（1）依据有关法律法规，该质量问题的责任由谁来承担？

（2）工程未经验收，发包人提前使用，是否视为工程已交付，承包人不再承担责任？

（3）如果工程现场有发包人聘任的监理工程师，出现上述问题应如何处理？监理工程师是否承担一定责任？

（4）案例中承包人的保修责任应如何履行？

（5）上述纠纷，发包人和承包人可以通过何种方式解决？

【解析】

（1）该质量问题的责任由发包人承担。

（2）工程未经验收，发包人提前使用，可视为发包人已接收该项工程，但不能免除承包人负责保修的责任。

（3）监理工程师应及时为发包人和承包人协商解决纠纷，出现质量问题属于监理工程师履行职责失职，应依据监理合同承担责任。

（4）承包人的保修责任，应依据建设工程保修的相关规定履行。

（5）发包人和承包人可通过协商、调解、仲裁或诉讼来解决纠纷。

5.4 施工索赔

应用案例

某钢铁厂的建设工程，合同中标明地下某处有松软石，但在土方工程的施工过程中，承包商并没有遇到松软石，因此工期提前1个月。在合同中未标明有坚硬岩石层的地方遇到了很多坚硬岩石，使得开挖工作变得非常困难，导致实际工作效率比原计划低得多，工期拖延2.5个月。由于施工速度的减慢，部分施工任务拖到了雨季进行，又影响工期2个月。综上所述内容，承包商向建设单位提出索赔。

【引导问题】

1. 该施工索赔能否成立？为什么？
2. 在该索赔事件中，应提出的索赔内容包括哪些方面？
3. 在工程施工中，通常可以提供的索赔证据有哪些？
4. 承包商应提供的索赔文件有哪些？请协助承包商拟定一份索赔通知。

知识导入

一、索赔概述

1. 索赔的概念

索赔是在合同实施过程中，当事人依据合同、法律的规定及惯例，对不是由于自身原因或过错而造成的损失，或承担了合同规定之外的工作所付出的额外支出，向合同的另一方当事人提出补偿或者赔偿要求的行为。本部分研究的施工索赔是发生在施工阶段的索赔，承包商可以向业主提出经济补偿或工期补偿。

从广义上讲，施工索赔除了承包商向业主提出外，业主对承包商也可以提出，通常称为反索赔。

2. 索赔的基本特征

1）索赔是双向的。合同双方都有权提出索赔，不仅承包人可以向发包人提出索赔，发包人也可以向承包人提出索赔。无论是承包方还是发包方，只要因为对方未履行或未正确履行合同义务而使自身遭受损失，均可据此向对方提出索赔。

2）索赔必须基于法律和合同。索赔的提出必须有明确的法律依据和合同条款支持，以确保索赔的合理性和合法性。没有明确的佐证材料及法律或合同条款的支撑，就无法进行合理有效的索赔。

3）索赔的提出应基于实际损失的发生。只有实际发生了经济损失、工期损失或权利受到损害，受损失方才能向对方提出索赔。

4）索赔是一种未经对方确认的单方行为，索赔要求必须经过对方的确认才能实现，即要通过双方协商、谈判、调解或仲裁、诉讼等途径来解决。

3. 施工索赔的分类

（1）按索赔的目的分类

1）工期索赔，是指非承包人原因导致施工延误，承包人要求发包人延长工期，推迟竣工日期。

2）费用索赔，是指非承包人原因造成的费用损失，承包人要求发包人补偿费用损失。

（2）按索赔的依据分类

1）合同中明示的索赔，是指在合同文件中能够明确找到相关的索赔依据，业主或承包人可以据此向对方提出索赔要求。

2）合同中默示的索赔，是指所涉及的索赔内容在合同文件中没有明确的描述，已经超出合同文件的规定，但可以根据合同文件中的某些条款合理推论出相关的索赔权。

二、施工索赔的主要依据

1. 合同文件

索赔的主要依据是合同文件，即施工索赔必须以建设工程施工合同为依据。当监理工程师在合同实施过程中遇到索赔事件时，必须站在公正、客观的立场上以合同为依据，公平、合理地解决合同双方的利益纠纷。施工索赔涉及的合同文件主要包括以下几种：

1）协议书。

2）中标通知书。

3）投标文件及其附件。

4）专用合同条款。

5）通用合同条款。

6）标准、规范及有关技术文件。

7）工程设计图纸。

8）工程量清单。

9）工程报价单或预算书。

10）在合同履行过程中产生的工程洽商、工程变更等文件。

2. 订立合同所依据的法律和法规

（1）适用法律和行政法规

建设工程施工合同文件适用法律和行政法规，如《中华人民共和国建筑法》《中华人民共和国民法典》等，由合同双方在专用合同条款中约定。

（2）适用标准和规范

合同双方在专用合同条款内约定适用标准、规范的名称，如《建设工程工程量清单计价规范》（GB 50500—2013）、《建筑工程施工质量验收统一标准》（GB 50300—2013）等。

3. 施工中常见的索赔证据

1）施工合同文件。

2）施工中各方主体往来信件。

3）工程所在地气象资料。

4）施工日志

5）会议纪要。

6）工程照片和工程影像资料。

7）工程进度计划。

8）工程核算资料。

9）工程图纸。

10）招标投标文件。

三、索赔文件的组成和编制

1. 索赔文件的组成

索赔文件是承包人向业主提出索赔的正式书面文件，也是业主审核索赔的主要依据。索赔文件通常包括总述部分、论证部分、索赔款项和工期计算部分、证据部分。

2. 索赔文件的编制

（1）总述部分

总述部分是承包人致业主或监理工程师的简短的提纲性信函，主要论述索赔事件发生的日期和过程，以及承包人为该索赔事件所付出的努力和附加的开支。总述部分的阐述要简明扼要，要能够说明问题，所列出的内容要体现索赔报告的严肃性。总述部分的主要内容包括：①说明索赔事件；②列举索赔理由；③提出索赔金额与工期；④附件。

（2）论证部分

论证部分是索赔报告的关键部分，主要说明自己有索赔权，这是能否索赔成功的关键。论证部分的主要内容来源于合同文件、相关法律法规等。索赔人必须对重要的证据资料附以文字说明或确认，要使每个证据具有效力和可信度。

（3）索赔款项和工期计算部分

该部分需列举各项索赔的明细数字及汇总数据，要求正确计算索赔款与索赔工期。在进行索赔计算时，应阐明索赔款的总额，各项条款的计算数额，如因索赔产生的额外人工费、材料费、机械费、管理费及因此产生的利润等。在计算费用时，应采用合适的计价方法，所列举的费用和计价方法应合理、合法。

（4）证据部分

1）文件和证据资料。索赔报告中所列举的事实、理由、因果关系等证明文件和证据资料应可靠、翔实，对于重要的证据资料，可附以文字证明或者确认文件。

2）详细的计算书。计算书可以证实索赔金额的真实性，除了计算式外，也可以大量运用图表，从而使数据更明了。

3. 索赔文件编制应注意的问题

索赔文件应该简要概括索赔的事实与理由，通过叙述客观事实，合理引用合同规定，阐述实际情况与损失之间的因果关系，证明索赔合理、合法；同时，应特别注意索赔材料的表述方式对索赔的影响。索赔文件编制一般要注意以下几个方面：

1）索赔事件的真实性。索赔针对的事件必须实事求是，要有确凿的证据，令对方无可推卸和辩驳。

2）索赔价款和索赔工期的合理性及准确性。应将索赔价款和索赔工期计算的方法、依据及结果详细列出，要条理清晰，以便于对方核查，避免争端事件的发生。

3）责任划分明确。一般索赔所针对的事件是由于非承包人责任引起的，因此在索赔报告中必须明确对方负全部责任，而不得使用含糊不清的词语。

4）明确承包人为避免和减轻事件的影响和损失所做的努力。在索赔报告中，要强调事件的不可预见性和突发性，说明承包人对它的发生没有任何的准备，也无法预防，并且承包人为了避免和减轻该事件的影响和损失已尽了最大的努力，采取了力所能及的措施，从而使索赔理由更加充分，更易于对方接受。

5）阐述由于干扰事件的影响，承包人的施工受到了严重干扰，并为此增加了支出，拖延了工期，表明干扰事件与索赔有直接的因果关系。

6）索赔文件书写避免使用强硬语言，否则会给索赔带来不利影响。

四、索赔的基本程序及规定

1. 承包人索赔的基本程序及规定

（1）提出索赔要求

当出现索赔事项后，承包人需在索赔事项发生后的 28 天内，向监理工程师正式发出索赔意向通知书，该通知书一般包括以下内容：

1）合同依据。

2）索赔事件发生的时间、地点。

3）索赔事件发生的原因、性质、责任。

4）承包人在索赔事件发生后所采取的控制事件进一步发展的相关措施。

5）说明索赔事件的发生已经给承包人带来的后果，如工期、费用的增加。

6）申明保留索赔的权利。

承包人未在 28 天内发出索赔意向通知书的，则丧失追加付款和（或）延长工期的权利。

（2）报送索赔资料和索赔报告

1）承包人应在发出索赔意向通知书后 28 天内，向监理人正式递交索赔报告。索赔报告应详细说明索赔理由，以及要求追加的付款金额和（或）延长的工期，并附必要的记录和证明材料。

2）索赔事件具有持续影响的，承包人应按合理时间间隔继续递交延续索赔通知书，说明持续影响的实际情况和记录，列出累计的追加付款金额和（或）工期延长天数。

3）在索赔事件影响结束后 28 天内，承包人应向监理人递交最终索赔报告，说明最终要求索赔的追加付款金额和（或）延长的工期，并附必要的记录和证明材料。

（3）监理人和发包人的答复

1）监理人应在收到索赔报告后的 14 天内审查完毕并报送发包人。监理人对索赔报告中存在异议的内容，有权要求承包人提交全部原始记录副本。

2）发包人应在监理人收到索赔报告或有关索赔的进一步证明材料后的 28 天内，由监理人向承包人出具经发包人签认的索赔处理结果。发包人逾期答复的，视为认可承包人的索赔。

3）承包人接受索赔处理结果的，索赔款项在当期进度款中进行支付；承包人不接受索赔处理结果的，按照争议解决办法的约定处理。

2. 发包人索赔的基本程序及规定

根据合同约定，发包人认为由于承包人的原因造成发包人的损失，宜按承包人索赔的程序进行索赔。当合同中对此未作具体约定时，按以下规定办理：

1）发包人应在知道或应当知道索赔事件发生后的 28 天内，通过监理人向承包人提出索赔意向通知书，如果发包人未在 28 天内发出索赔意向通知书，则承包人免除该索赔的全部责任。

2）承包人收到发包人提交的索赔报告后，应及时审查索赔报告的内容、核实发包人的证明材料。

3）承包人应在收到索赔报告或相关索赔证明材料后的 28 天内，将索赔处理结果答复发包人。如果承包人未在上述期限内做出答复，则视为对发包人索赔要求的认可。

4）承包人接受索赔处理结果的，发包人可从应支付给承包人的合同价款中扣除赔付的金额或延长缺陷责任期；发包人不接受索赔处理结果的，按争议解决办法的约定处理。

五、费用和工期索赔的计算方法

1. 费用索赔

提交索赔意向通知书以后，承包人要定期报送索赔资料，并在索赔事件结束后 28 天内提交最终的索赔报告。在索赔报告中承包人对自己的费用索赔部分要进行详细计算，以供监理人审查。

索赔款的计算方法主要有分项计算法和总费用法两种。

（1）分项计算法

分项计算法是以每个索赔事件为对象，以承包人为某项索赔工作所支付的实际开支为依据进行计算。其中，每一项索赔费用应计算由于该事项的影响，承包人发生的超过原计划的费用，也就是该项工程施工中所发生的额外人工费、材料费、机械费以及相应的管理费，有些索赔事项还可以列入应得的利润。

分项计算法的计算步骤：

1）分析每个或每类索赔事件所影响的费用项目，这些费用项目一般与合同价中的费用项目一致，如直接费、管理费、利润等。

2）用适当方法确定各项费用，计算每个费用项目受索赔事件影响后的实际成本或费用，并与合同价中的费用相对比，求出各项费用超出原计划的部分。

3）将各项费用汇总，得到总费用索赔额。

也就是说，在直接费（人工费、材料费和施工机械使用费之和）超出合同中原有部分的额外费用部分的基础上，再加上应得的管理费（工地管理费和总部管理费）和利润，便是承包人应得的索赔款。这部分实际发生的额外费用客观地反映了承包人的额外开支或者实际损失，是承包商经济索赔的证据资料。

（2）总费用法

总费用法又称为总成本法，是指当发生多次索赔事件后，重新计算该工程的实际总费用，用实际总费用减去投标报价时的估算总费用即为索赔金额。计算方法如下：

$$索赔金额 = 实际总费用 - 投标报价时的估算总费用$$

总费用法计算的实际总费用中可能包括承包人原因造成的额外费用增加，如施工组织不善而增加的费用。由于该方法无法准确区分发包人、承包人原因分别造成的费用增加，故它仅在难以分别计算各项索赔事件导致的实际费用时才可能会被应用。总费用法并不十分科学，但仍被采用的原因是对于某些索赔事件，难以精确地确定它们导致的各项费用增加额。

一般认为在具备以下条件时采用总费用法是合理的：

1）已开支的实际总费用经过审核，认为是比较合理的。

2）承包人的原始报价是比较合理的。

3）费用的增加是由于对方原因造成的，其中没有承包人管理不善的责任。

4）由于该项索赔事件的性质以及现场记录的不足，难以采用更精确的计算方法。

2. 工期索赔

在工程施工过程中，常常会发生一些不可预见的干扰事件，使施工不能顺利进行，导致工期的延长，进而导致工程成本的增加，对合同双方都会造成损失。例如，从业主的角度考虑，会因工程不能及时投入使用而减少盈利的机会，同时会增加各种管理费的开支；从承包人的角度考虑，会因为工期延长而增加工人工资、施工机械使用费、管理费及其他一些费用的开支，如果超出合同工期，还要支付合同规定的拖期违约金。

在工期索赔计算中，主要有网络分析法和对比分析法。

（1）网络分析法

网络分析法是利用进度计划的网络图进行分析判断，发生工期延误事件时，应判断该事件是否发生在关键线路上，再按以下方式计算索赔的工期：

1）如果延误的工作为关键工作，则延误的时间为索赔的工期。

2）如果延误的工作为非关键工作，当该工作由于延误超过时差而成为关键工作时，可以索赔延误时间与时差的差值。

3）若该工作延误后仍为非关键工作，则不存在工期索赔问题。

（2）对比分析法

对比分析法比较简单，适用于索赔事件仅影响单位工程或分部分项工程的工期的情况，在此基础上计算对总工期的影响。对比分析法的计算式为

总工期索赔＝（额外或新增工程量价格／原合同总价）×原合同总工期

例 5-4

某施工企业通过投标获得了某住宅楼的施工任务，该工程地上 22 层、地下 2 层，业主与施工单位、监理单位分别签订了施工合同、监理合同。施工合同中列明：建筑面积 $34667m^2$，建设工期 455 天，2023 年 8 月 1 日开工，2024 年 11 月 25 日竣工，工程造价 3175 万元。合同约定价款调整方法：合同价款调整范围为业主认定的工程量增减、设计变更和洽商；外墙涂料与防水工程材料费的调整依据为本地区工程造价管理部门公布的价格调整文件。施工单位（总包单位）将土方开挖工程、外墙涂料与防水工程分别分包给专业公司，并签订了分包合同。

【问题】

合同履行过程中发生下述情况，请按要求回答问题：

（1）总包单位于 7 月 24 日进场，进行开工前的准备工作。原定 8 月 1 日开工，因业主办理伐树手续而延误至 8 月 5 日才开工，总包单位要求工期顺延 4 天。此项要求是否成立？根据是什么？

（2）土方公司在基础开挖过程中遇到地下文物，采取了必要的保护措施，为此总包单位让土方公司向业主索赔。此种做法对否？为什么？

（3）在基础回填过程中，总包单位已按规定取土样，且经试验合格。监理工程师对填土质量表示异议，要求总包单位再次取样进行复验，结果合格。总包单位要求监理单位支付试验费。此种做法对否？为什么？

（4）总包单位对混凝土搅拌设备的加水计量器进行改进研究，在本公司实验室内进行试验，改进成功用于本工程，总包单位要求此项试验费由业主支付。监理工程师是否批准？为什么？

（5）结构施工期间，总包单位经总监理工程师同意更换了原项目经理，组织管理一度失调，导致封顶时间延误 8 天。总包单位以总监理工程师同意为由，要求给予适当的工期补偿。总监理工程师是否批准？为什么？

（6）监理工程师检查厕浴间防水工程，发现有漏水房间，逐一记录并要求防水公司整改。防水公司整改后向监理工程师进行了口头汇报，监理工程师即签证认可。事后发现仍有部分房间漏水，需进行返工。返修的经济损失由谁承担？监理工程师有什么过错？

（7）在做屋面防水时，经中间检查发现施工不符合设计要求，防水公司也自认为难以达到合同规定的质量要求，就向监理工程师提出终止合同的书面申请。监理工程师应如何协调处理？

【解析】

（1）成立。因为属于业主责任（业主未及时提供施工场地）。

（2）不对。因为土方公司为分包方，与业主无合同关系。

（3）不对。因为按规定，此项费用应由业主支付。

（4）不批准。因为此项支出已包含在工程合同价中（此项支出应由总包单位承担）。

（5）不批准。虽然总监理工程师同意更换，不等于免除总包单位应负的责任。

（6）经济损失由防水公司承担。监理工程师的过错如下：

1）不能凭口头汇报就签证认可，应到现场复验。

2）不能直接要求防水公司整改，应要求总包单位整改。

3）不能根据分包单位的要求进行签证，应根据总包单位的申请进行复验、签证。

（7）监理工程师应该做如下协调处理：

1）拒绝接受分包单位终止合同的申请。

2）要求总包单位与分包单位双方协商，达成一致后解除合同。

3）要求总包单位对不合格工程进行返工处理。

课 / 后 / 练 / 习

一、单选题

1. 施工承包合同实施过程中，双方当事人对工程质量有争议的，可以提请双方认可且具备相应资质的工程质量鉴定机构进行鉴定，所需要的费用以及因此造成的损失，由（　　）承担。

　　A. 责任方　　　　　　　　　　　B. 承包人

　　C. 发包人　　　　　　　　　　　D. 发包人与承包人共同

2. 承包人按合同规定，将施工组织设计和工程进度计划提交给监理工程师，监理工程师审查后在规定时间内予以了确认。施工过程中，发现该施工组织设计和工程进度计划存在缺陷，对此应由（　　）承担责任。

　　A. 发包人　　　　　　　　　　　B. 监理工程师

　　C. 承包人　　　　　　　　　　　D. 监理工程师与承包人共同

3. 因总监理工程师在施工阶段管理不当，给承包人造成损失的，承包人应当要求（　　）给予补偿。

　　A. 监理人　　　　　　　　　　　B. 总监理工程师

　　C. 发包人　　　　　　　　　　　D. 发包人和监理人

4．工程按发包人要求整改后通过竣工验收的，实际竣工日为（　　）。

  A．承包人送交竣工验收报告之日   B．整改后通过竣工验收之日

  C．整改后提请发包人验收之日   D．完工日

5．《建设工程施工合同（示范文本）》规定的设计变更范畴不包括（　　）。

  A．增加合同中约定的工程量

  B．删减承包范围的工作内容交给其他人实施

  C．改变承包人原计划的工作顺序和时间

  D．更改工程有关部分的标高

6．下列关于解决合同争议的表述中，正确的是（　　）。

  A．对裁决结果不服，可向法院起诉 B．争议双方均可单方面要求仲裁

  C．当事人不必通过调解来解决合同争议 D．对法院一审判决不服，可申请仲裁

7．承包人负责采购的材料、设备，到货检验时发现与标准要求不符，承包人按监理工程师要求进行了重新采购，最后达到了标准要求。由此产生的费用和延误的工期，下列说法正确的是（　　）。

  A．费用由发包人承担，工期给予顺延 B．费用由承包人承担，工期不予顺延

  C．费用由发包人承担，工期不予顺延 D．费用由承包人承担，工期给予顺延

8．某施工合同在履行过程中，经监理工程师确认质量合格后已隐蔽的工程，监理工程师又要求重新检验。重新检验的结果表明质量合格，则下列关于损失承担的表述中，正确的是（　　）。

  A．发包人支付发生的全部费用，工期不予顺延

  B．发包人支付发生的全部费用，工期给予顺延

  C．承包人承担发生的全部费用，工期给予顺延

  D．承包人承担发生的全部费用，工期不予顺延

9．按照《建设工程施工合同（示范文本）》的规定，承包人的义务包括（　　）。

  A．办理法律规定的应由承包人办理的许可和批准

  B．按法律规定和合同约定采取施工安全和环境保护措施，办理工伤保险

  C．承包人占用或使用他人的施工场地，影响他人作业或生活的，应承担相应责任

  D．将施工用水、电力线路、通信线路等施工所必需的条件接至施工现场

10．某施工合同约定由施工单位负责采购材料，合同履行过程中，由于材料供应商违约而没有按期供货，导致施工没有按期完成。下列对违约责任的处理正确的是（　　）。

  A．建设单位直接向材料供应商追究责任

  B．建设单位向施工单位追究责任，施工单位向材料供应商追究责任

  C．建设单位向施工单位追究责任，施工单位向项目经理追究责任

  D．建设单位不追究施工单位的责任，施工单位应向材料供应商追究责任

11．在签订施工合同时，要同时约定保修条款，屋面防水工程的保修期限应不低于（　　）。

  A．1年   B．2年   C．5年   D．工程设计年限

12．如果施工单位项目经理由于工作失误导致采购的材料不能按期到货，施工合同没有按期完成，则建设单位可以要求（　　）承担责任。

  A．施工单位 B．监理单位 C．材料供应商 D．项目经理

13．《建设工程施工合同（示范文本）》规定，承包人有权（　　）。

A．自主决定分包所承包的部分工程　　B．自主决定分包和转让所承担的工程

C．经发包人同意转包所承担的工程　　D．经发包人同意分包所承担的部分工程

14．监理工程师直接向分包人发布了错误指令，分包人经承包人确认后实施，但该错误指令导致分包工程返工，为此分包人向承包人提出费用索赔，承包人（　　）。

A．以不属于自己的原因为由拒绝索赔要求

B．认为要求合理，先行支付后再向业主索赔

C．以自己的名义向监理工程师提交索赔报告

D．不予支付，应以分包人的名义向监理工程师提交索赔报告

15．在施工合同的履行过程中，如果建设单位拖欠工程款，经催告后在合理的期限内仍未支付，则施工企业可以主张（　　），然后要求对方赔偿损失。

A．撤销合同，无须通知对方　　B．撤销合同，但应当通知对方

C．解除合同，无须通知对方　　D．解除合同，但应当通知对方

二、多选题

1．发包人出于某种需要希望工程能够提前竣工，则其应做的工作包括（　　）。

A．向承包人发出必须提前竣工的指令　　B．与承包人协商并签订提前竣工协议

C．负责修改施工进度计划　　D．为承包人提供赶工的便利条件

E．减少对工程质量的检测试验项目

2．《建设工程施工合同（示范文本）》由（　　）组成。

A．协议书　　B．中标通知书　　C．通用合同条款　　D．工程量清单

E．专用合同条款

3．按照《建设工程施工合同（示范文本）》的规定，由于（　　）等原因造成的工期延误，经监理工程师确认后工期可以顺延。

A．发包人未按约定提供施工场地　　B．分包人对承包人的施工干扰

C．设计变更　　D．承包人的主要施工机械出现故障

E．发生不可抗力

4．下列情形中，（　　）是可撤销合同。

A．以欺诈、胁迫手段订立合同，损害国家利益

B．因重大误解而订立合同

C．在订立合同时显失公平

D．以欺诈、胁迫手段，使对方在违背真实意思的情况下订立合同

E．违反法律、行政法规强制性规定订立合同

5．依据《建设工程施工合同（示范文本）》的规定，施工合同发包人的义务包括（　　）。

A．办理临时用地、用水、用电申请手续

B．向施工单位进行设计交底

C．提供施工场地的地下管线资料

D．做好施工现场地下管线和邻近建筑物的保护

E．开通施工现场与城乡公共道路的通道

143

6．下列行为造成工程质量缺陷的，应当由发包人承担过错责任的有（　　　　）。

    A．不按照设计图纸施工　　　　　　　B．使用不合格建筑构（配）件

    C．提供的设计书有缺陷　　　　　　　D．直接指定分包人分包专业工程

    E．指定购买的建筑材料不符合强制性标准

7．施工企业要求对原工程进行变更的，下列说法正确的有（　　　　）。

    A．施工企业在施工过程中不得对原工程设计进行变更

    B．施工企业在施工过程中提出更改施工组织设计的，须经监理工程师同意，延误的工期不予顺延

    C．监理工程师采用施工企业的合理化建议所获得的收益，建设单位和施工企业另行约定分享

    D．施工企业擅自变更设计发生的费用和由此导致的建设单位的损失由施工企业承担，延误的工期不予顺延

    E．施工企业自行承担差价时，对原材料、设备的换用不必经监理工程师同意

8．依据《建设工程施工合同（示范文本）》的规定，下列有关设计变更的说法中正确的有（　　　　）。

    A．已标价工程量清单中有类似项目而无相同项目的，参照类似项目的单价认定

    B．承包人为了便于施工，可以要求对原设计进行变更

    C．承包人在变更确认后的 14 天内，未向监理工程师提出变更价款报告的，视为该工程变更不涉及价款变更

    D．监理工程师确认增加的工程变更价款，应在工程验收后单独支付

9．施工合同双方当事人对合同是否可撤销发生争议的，可向（　　　　）请求撤销合同。

    A．建设行政主管部门　　　　　　　　B．仲裁机构

    C．人民法院　　　　　　　　　　　　D．监理工程师

    E．设计单位

10．按照《建设工程施工合同（示范文本）》的规定，对合同双方有约束力的合同文件包括（　　　　）。

    A．投标书及其附件　　　　　　　　　B．招标阶段对投标人质疑的书面解答

    C．资格审查文件　　　　　　　　　　D．工程报价单

    E．履行合同过程中的变更协议

三、实训题

通过编制施工合同，加深对《建设工程施工合同（示范文本）》的理解和掌握。实训工程概况：某教学楼工程，框架结构，总建筑面积 13000m²。工程招标时实行清单报价，即总价固定模式。某建筑工程公司以 1980 万元人民币中标，承包范围包括教学楼全部施工内容，包工包料。合同工期为 2023 年 4 月 15 日开工至 2024 年 11 月 15 日竣工，工程质量等级要求优良。合同约定工程款支付按月进度完成工程量的 70% 每月拨付，竣工验收结束一周内支付剩余的 25%，其余 5% 留作质保金在质量保修期满后退回。特别约定，在工程量变更超出总量的 3% 以上时，施工单位有权对其单价进行重新核定。

依据以上内容，结合《建设工程施工合同（示范文本）》的主要条款，起草一份施工合同。合同主要条款如下：

（1）工程概况。

（2）承包范围。

（3）合同工期。

（4）质量标准。

（5）合同价款。

（6）资金拨付方式。

（7）变更。

（8）风险与责任。

（9）索赔与争议的处理方式。

（10）违约责任。

（11）工程保修等。

参 考 文 献

[1] 夏昭萍，王燕，钱达友．建设工程招标投标与合同管理 [M]．武汉：中国地质大学出版社，2018．

[2] 冯伟，张俊玲，李娟．BIM 招标投标与合同管理 [M]．北京：化学工业出版社，2018．

[3] 中华人民共和国住房和城乡建设部，国家工商行政管理总局．建设工程施工合同（示范文本）：GF—2017—0201[S]．北京：中国建筑工业出版社，2017．

[4] 中华人民共和国住房和城乡建设部，中华人民共和国国家质量监督检验检疫总局．建设工程工程量清单计价规范：GB 50500—2013[S]．北京：中国计划出版社，2013．

[5] 周艳冬．建筑工程招标投标与合同管理 [M]．2 版．北京：机械工业出版社，2016．

[6] 中国建设监理协会．建设工程合同管理 [M]．北京：中国建筑工业出版社，2018．

[7] 宋春岩．建设工程招投标与合同管理 [M]．4 版．北京：北京大学出版社，2022．